101 Things I Learned in Fashion School

패션학교에서 배운 101가지

패션학교에서 배운 101가지

초판 1쇄 펴낸날 2011년 12월 23일
초판 6쇄 펴낸날 2022년 3월 15일

지은이 알프레도 카브레라 · 매튜 프레더릭 **그림** 매튜 프레더릭 · 테일러 포레스트 **옮긴이** 곽재은
펴낸이 이건복 **펴낸곳** 도서출판 동녘

등록 제311-1980-01호 1980년 3월 25일
주소 (10881) 경기도 파주시 회동길 77-26
전화 영업 031-955-3000 **편집** 031-955-3005 **전송** 031-955-3009
블로그 www.dongnyok.com **전자우편** editor@dongnyok.com **페이스북 · 인스타그램** @dongnyokpub

ISBN 978-89-7297-667-7 (03590)

• 잘못 만들어진 책은 바꿔 드립니다.
• 이 도서의 국립중앙도서관 출판시도서목록(CIP)은 e—CIP홈페이지(http://www.nl.go.kr/ecip)와 국가자료공동목록시스템
  (http://www.nl.go.kr/kolisnet)에서 이용하실 수 있습니다. (CIP제어번호: CIP2011004998)

101 Things I Learned in Fashion School

패션학교에서 배운 101가지

알프레도 카브레라 • 매튜 프레더릭 지음

매튜 프레더릭 • 테일러 포레스트 그림

곽재은 옮김

책을 내면서

훌륭한 패션디자인 교과과정은 학생들이 실생활에서 입는 옷을 만드는 과제를 능숙하고 창조적으로 해결할 수 있도록 이끌고 준비시킨다. 오랫동안 그들을 가르치면서 나는 이 목표를 이룰 수 없도록 가로막는 장애물이 기술적 숙련에 도달하지 못했거나 적절한 정보를 얻지 못해서가 아님을 깨달았다. 확실히 지금처럼 정보를 접하기가 수월한 시대에는 평범한 여덟 살 꼬마도 인류 역사상 그 어느 때보다 세련되며 패션에 박식하다. 정말 중요한 원인은 학생들이 현실 속의 실제 사람들을 위해 옷을 디자인해야 한다는 사실을 받아들이지 못하는 데 있다.

많은 학생들과 때로는 강사들조차 현실, 즉 니즈를 가진 실제 고객을 창조적 디자인과 배치되는 적으로 여긴다. 현장 경험이란 지루하고 따분한 일, 타협, 범상함 등과 동의어가 아닐까 두려워한다. 그 결과 대부분의 교과과정은 이론 중심이며 실제 적용 사례는 꼭 필요한 경우에 한해서만 소개한다. 그래서인지 학생들의 디자인은 다른 사람의 아이디어를 베낀 것일 때가 더 많다.

나 역시 현실의 실제 고객이 누구인지, 그리고 그들이 무엇을 입거나 입지 않는지를 파악하는 일이 중요하다는 사실을 '실감'하는 데 오랜 시간이 걸렸다. 내게 그것은 창조성에 대한 역행이기는커녕 진정한 창조의 시작이었다. 머릿속에 맴도는 무언가를 꺼내어 그것에 현실적인 적합성을 부여하는 일이 아니라면, 도대체 창조란 무엇이란 말인가?

그러므로 이 책의 주된 목적은 학생들의 기술적 기량을 높여 주거나 창조성을 자극하는 것보다는, 그 둘을 연결시킬 수 있는 몇 가지 방법을 제시하려는 데 있다. 우리는 학생들이 실제적인 문제들을 창조적으로, 창조적인 문제를 실제적으로 풀어 나가는 데 도움이 될 만한 소소한 조언, 기준, 자극을 제공하고자 한다.

무엇보다도 학생과 디자이너들이 연구나 디자인을 할 때, 견본을 만들고 일러스트레이션을 그릴 때 이 작은 책을 항상 휴대하길 바란다. 그래서 역사적으로 진정한 혁신은 지나간 것들의 맥락 위에서, 그리고 그것들에 반응하는 과정을 통해 가능했다는 사실을 이해하기 바란다. 또 조직 체계를 이해하는 안목을 넓힘으로써 전체 디자인 프로세스를 개발하는 능력을 키우고, 일러스트레이션과 관련한 중요 사항들을 숙지함으로써 의사소통의 중요성을 깨달으며, 패션 비즈니스를 이해함으로써 보다 넓은 시각에서 디자이너의 역할을 고민할 수 있게 되기를 소망한다.

알프레도 카브레라

감사의 말

알프레도

도움과 조언, 지지를 베풀어 준 카린 잉베스도터, 미셸 위젠브라이언트, 하워드 데이비스, 조지프 설리번 그리고 에블린 런톡 카피스트라노에게 감사한다.

매튜

카렌 앤드류스, 데이비드 블레이즈델, 소르카 페어뱅크, 테일러 포레스트, 세라 핸들러, 트레이시 마틴, 카밀 오가로, 카린 폴라와체크, 재닛 리드, 칼리 시멕, 플래그 토누지, 톰 와틀리, 릭 울프에게 감사한다.

101 Things I Learned in Fashion School
패션학교에서 배운 101가지

알프레도 카브레라 · 매튜 프레더릭 지음

매튜 프레더릭 · 테일러 포레스트 그림

곽재은 옮김

동녘

패션은 12세기에 태어났다.

인간이 옷을 만들어 입은 방식에는 두 가지가 있다. 하나는 드레이핑으로, 주름을 자연스럽게, 풍성하게 잡아 늘어뜨리면서 온몸을 천으로 휘감는 단순한 형태다. 이것은 인류가 직물로 옷을 지어 입은 최초의 방식이다. 드레이핑만으로 구성된 옷은 몸에서 떨어지는 순간 형태가 사라지므로, 요즘은 드레이핑 안쪽에 몸에 꼭 맞는 옷을 따로 입는다.

테일러링의 기원은 과학, 철학, 예술 분야에서 자연 세계를 찬미하면서 인체의 아름다움에 주목하기 시작한 12세기 초 유럽의 르네상스 시대까지 거슬러 오른다. 길게 늘어뜨려 입었던 로브robe는 차츰 여러 조각으로 나뉘면서 점점 몸에 밀착되어 갔다. 이 조각들은 다양한 종류의 옷을 만드는 기초가 되는 '패턴'으로 발전했다. 따라서 테일러링의 도래는 곧 패션의 시작이었다.

패션 디자이너는 개별 옷만이 아니라 컬렉션도 만든다.

디자인팀의 규모에 따라 컬렉션의 규모는 12벌에서 400벌까지 다양하다. 디자이너는 한 컬렉션에 포함된 모든 옷이 서로를 보완할 수 있도록 면밀히 계획한다. 이 옷들은 여러 벌을 함께 입어도 좋고, 단독으로 입어도 좋다.

디자이너는 한 컬렉션 안에서 가운, 슈트, 드레스 등의 주요 아이템뿐 아니라 받쳐 입는 옷이나 겹쳐 입는 옷에 이르는 모든 것에 주의를 기울인다. 이런 기본 아이템으로 고객 한 명을 얻기 위해 엄청난 노력을 쏟았다면, 세상 어느 디자이너가 나머지 의상은 다른 곳에서 사라며 고객을 떠나보내겠는가?

오른쪽
(뒤)

오른쪽
(앞)

슬리브리스 드레스 패턴정의 1

패션계 용어

컬렉션   1. 디자이너가 일정한 테마 아래 시즌마다 발표하는 옷의 집합
 2. 옷의 범주. 예컨대, 아우터웨어 컬렉션, 수영복 컬렉션 따위

드레이프   1. 직물이 중력에 보이는 반응. '떨어지는' 방식
 2. 디자인 과정에서 직물을 조작하여 옷의 형태를 만드는 것

소재 기획   한 컬렉션을 위해 디자이너가 선택한 직물 견본들의 집합. 패브릭 스토리보드나 패브리케이션도 비슷한
 의미다.

피니시   1. 직물의 표면 질감
 2. 최종 패션 드로잉

핏   1. 의복이 몸에서 떨어지는 방식
 2. 모델이나 마네킹에 맞추어 모슬린 또는 샘플을 조정하는 것

라인   1. 의복의 전체적인 실루엣이나 흐름. 예를 들어, '이브닝 가운의 라인' 따위
 2. 컬렉션과 동의어. 예컨대, "우리 가을 라인은 복고 룩을 강조합니다."

모슬린   1. 값싸고 조직이 치밀한 면
 2. 디자인과 핏을 만들기 위해 제작한 원형의 옷. 이 경우는 천의 종류와 관계없이 모슬린으로 불린다.

패턴   1. 옷을 이루는 조각들의 모형
 2. 시각디자인. 예컨대, 체크 · 줄 · 꽃 모양의 무늬

다이앤 본 퍼스텐버그의 랩 드레스

패션은 아이디어에서 태어난다.

옷 한 벌이나 티셔츠는 기본이 되는 아이디어 없이도 만들 수 있지만, 하나의 컬렉션은 그것이 불가능하다. 컬렉션은 현실을 초월한 아이디어가 주축이 되어야 하며, 삶, 예술, 아름다움, 사회, 정치, 자아 등에 대한 태도나 접근 방식에 기초해야 한다. 다음은 아이디어에서 출발한 패션의 유명한 사례들이다.

다이앤 본 퍼스텐버그 Diane von Furstenberg**의 랩 드레스** 전문직에 진출하는 여성의 저변이 확대되면서 사무직 여성이 여성스러움과 섹시함을 잃지 않으면서도 권위 있는 모습을 연출할 수 있도록 만들기 위한 동기에서 시작되었다.

조르조 아르마니 Giorgio Armani**의 느슨하고 우아한 테일러링** 1970년대와 1980년대에 새로 등장한 직업군과 함께 상대적으로 격식을 덜 차리는 사무실 분위기가 팽배해진 데에 대한 반응으로 등장했다. 소위 '캐주얼 프라이데이'를 향한 길을 열었다.

그런지grunge 지금은 인기 있는 패션 룩이 되었지만, 예전에는 라이프스타일에 대한 의식을 벗어 버리려는 운동이었다.

"패션은 살아 있는 생명체에 예술을
  실현하려는 시도다."

– 프랜시스 베이컨 경Sir Francis Bacon

훌륭한 선행 디자인의 다섯 가지 'C'

패션디자인의 과정은 복잡하고 반복적이며, 모든 디자이너가 똑같은 과정을 밟지도 않는다. 하지만 일관된 선행 디자인 단계를 거치는 것은 성공한 패션 디자이너들의 작업 과정에서 동일하게 발견된다.

고객customer 누구를 위한 디자인인지를 이해하라.
기후climate 1년 중 어느 시즌이 목표인지를 인식하라.
콘셉트concept 컬렉션 전체에 영감을 불어넣을 '큰 아이디어'를 찾고, 이를 설정하라.
색상color 알맞은 색상 팔레트사용된 색상의 범위를 결정하라.
소재cloth 컬렉션에 포함된 의상들의 소재를 조사하고 찾아라.

다섯 단계를 모두 거친 '다음'에야 비로소 개별 의상의 디자인이 시작된다.

목표 고객이 '아닌' 사람이 누구인지를 알라.

패션 디자이너는 자신의 목표 고객에 관해 많이 알아야 한다. 어떤 연령대인가? 거주지는 어디인가? 직업은 무엇인가? 수입은 얼마나 되는가? 쇼핑은 어디에서 하는가? 어떤 옷을 즐겨 입는가? 현재 소유하지 못한 것은 무엇인가? 어떤 목표를 성취하고 싶어 하는가? 이런 질문들을 통해 디자이너는 패션디자인의 문제에 관한 직관적인 틀을 짜 가기 시작한다.

특정 고객층을 뚜렷이 규정하기 어려울 때는 완전히 다른 부류의 고객, 목표 대상과 가장 동떨어진 고객에 대한 정의를 내려 보면 도움이 된다. 다른 유형의 고객이 지닌 라이프스타일을 알아내기 위해 기울인 수고는 대개의 경우 내 자신의 목표 고객을 더 잘 파악하는 지름길이 되기도 한다.

밖에서 안, 위에서 아래, 큰 것에서 작은 것 순서로 디자인하라.

컬렉션을 구성하는 많은 아이템, 즉 슈트, 스커트, 슬랙스, 재킷 블라우스, 스웨터, 액세서리 등은 서로 조화를 이루어야 한다. 하지만 그 많은 것을 디자이너가 한꺼번에 생각하고 디자인하기란 불가능하다. 우선순위는 어떻게 정해야 할까?

밖에서 안으로 베스트나 블라우스, 받쳐 입는 옷 등과 같이 겉옷에 일부 가려지는 옷보다는 코트나 재킷 같은 겉옷을 먼저 디자인하라.

위에서 아래로 신체 아래쪽에 입는 옷보다는 얼굴과 가까운 곳에 입는 옷부터 디자인의 우선순위를 두어라.

큰 것에서 작은 것으로 드레스, 슈트, 코트처럼 덩치가 큰 옷은 셔츠, 블라우스, 베스트, 니트 톱보다 언제나 먼저 디자인하라.

이 세 가지 범주는 고객의 구매 양상과도 거의 일치한다. 고객들은 안보다는 겉에, 얼굴과 가까운 곳에 입는 옷, 그리고 상대적으로 큰 옷에 더 많은 돈을 쓴다.

소재를 조직적으로 구성하라.

코트/아우터웨어 무게 중간 무게의 고기능성 직물과 봄·여름용 방수 처리 직물뿐 아니라 가을, 겨울을 위한 무거운 직물

재킷/하의 무게 슈트, 팬츠, 맞춤 드레스나 아우터웨어 용도 외의 재킷처럼 구조적인 옷을 위한 중간 무게의 직물

드레스/블라우스 무게 셔츠, 블라우스, 풍성한 드레스, 스커트, 가운, 그 외의 부드러운 옷들을 위한 가볍고 얇으며 보드라운 직물

스웨터 무게 봄, 여름을 위한 가늘고 시원한 실뿐 아니라 가을, 겨울을 겨냥한 두툼하고 따뜻한 실

봉제 니트 받쳐 입는 옷, 캐주얼 드레스나 가운을 위한 직물

신소재 레이스, 가죽, 모피, PVC/비닐 등과 같이 특별한 아이템에는 더할 나위 없이 이상적이지만 기본적인 활용에는 한계가 있다.

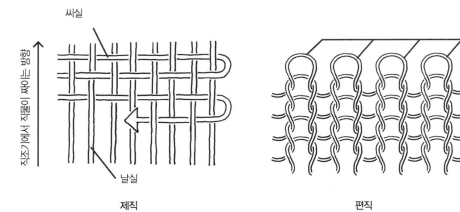

씨실

직조기에서 직물이 짜이는 방향

날실

제직

열린 코

편직

제직과 편직

대부분의 직물은 제직과 편직으로 만들어진다. 제직물은 세로 방향으로 나열된 실들을 가로지르며 섞어 짜서 만든다. 직조기에 날실을 건 다음, 씨실로 날실의 위와 아래를 번갈아 지나도록 한다. 그렇게 한 줄이 마무리되면 방향을 바꾸어 같은 과정을 반복한다.

편직물은 길게 이어진 한 올의 실을 얽어매면서 만든다. 바늘 하나에 일렬로 끼워진, '코'라고 불리는 고리를 또 다른 바늘을 이용해 하나씩 잡아당긴다. 이렇게 되면 새로운 고리의 열이 생긴다. 이 과정을 계속 반복한다.

망사, 펠트, PVC폴리비닐클로라이드는 제직물도, 편직물도 아니며 패션디자인에서 상대적으로 한정된 분야에서 사용한다.

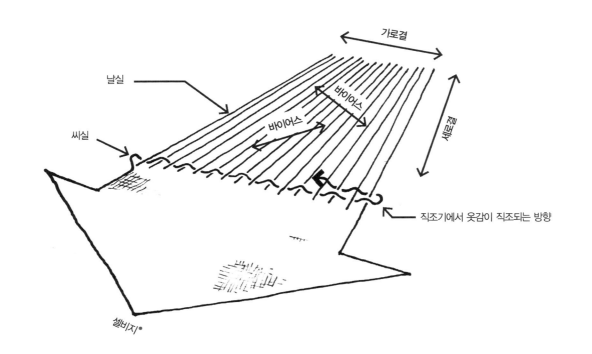

가로결

세로결

날실

씨실

바이어스

바이어스

직조기에서 옷감이 직조되는 방향

셀비지*

결을 따르거나 거스르기

세로결날실은 옷감의 긴 쪽을 가리키며, 천이 직조기를 통과하는 방향이기도 하다. 세로결은 가장 강한 축으로, 늘어나거나 '우는' 일이 거의 없다. 대개 옷은 '세로결'로 재단한다. 다시 말해, 옷을 입고 섰을 때 직물의 세로결이 수직바닥과 연직 방향이 되도록 한다.

가로결씨실은 옷감의 짧은 쪽을 가리키며, 천이 직조기를 횡단하는 방향이다. 가로결 방향으로는 직물이 약간 늘어나기도 한다. 세로결로 재단한 재킷을 입은 사람이 팔을 굽히거나 펼 때 약간의 늘어날 여유가 생길 수 있는 까닭은 옷감의 가로결 때문이다.

바이어스는 가로결과 세로결을 45°로 가로지르는 방향이다. 바이어스 방향은 가장 신축성이 뛰어나다. 스판덱스가 나오기 전까지 옷감의 신축성을 활용할 수 있는 유일한 방법은 천을 바이어스 방향으로 자르는 것이었다. 하지만 버려야 하는 부분이 많아 엄두를 내기 힘들 정도의 고비용을 지불해야 했다.

* 씨실이 방향을 바꾸며 고리를 만들면서 생긴 가장자리

직물 '에' 디자인하라.

신참 디자이너는 흔히 옷의 실루엣을 정한 다음 직물을 고른다. 하지만 멋지게 구상한 의상이라 할지라도 잘못된 소재로 재단하면 망쳐 버리는 경우가 비일비재하다. 디자이너가 원하는 대로 따라 주지 않은 직물 은 수없이 많다. 예를 들어, 실크 가자르gazar는 얇고 종이처럼 뻣뻣하기 때문에 몸에 붙는 테일러링이나 자연스러운 드레이프는 소화하지 못한다.

의상 디자인을 시작하기 전에 컬렉션에 필요한 직물의 목록을 꼼꼼히 고려하라. 그리고 그 직물 '에' 옷을 디자인하라. 다른 방법은 절대 안 된다.

목화

면은 섬유이지 직물이 아니다.

섬유 가닥은 원재료의 미세한 줄로, 옷의 가장 작지만 본질적인 요소다. 섬유의 길이는 매우 긴 것부터 몇 센티미터 정도밖에 되지 않는 짧은 것까지 다양하다. 섬유는 방적 과정을 통해 실로 가공되고, 이어 제직과 편직을 거쳐 직물로 태어난다. 섬유는 다음과 같은 범주로 나뉜다.

자연섬유는 자연에서 발견한 것이다. 네 가지 기본적인 자연섬유로는 실크, 모직동물성 섬유, 면, 리넨식물성 섬유가 있다. 그 외에도 캐시미어, 알파카, 비쿠나*, 모시, 삼 등이 있으며, 이 섬유들은 앞에서 말한 네 가지 섬유에 비해 가격도 비싸고 다루기도 까다롭다.

인조섬유는 면이나 리넨 등과 동일한 재료인 자연 섬유소를 가공해서 만든다. 레이온, 아세테이트, 모달 등이 있다.

합성섬유는 화학약품을 가느다란 구멍에 부어서 만든다. 가장 흔한 합성섬유로는 나일론, 폴리에스터, 아크릴 등이 있다.

* 안데스 지방에 서식하는 야생 라마의 일종

3/3 능직   새틴직

새틴은 직물이 아니라 직물의 조직을 가리킨다.

직물의 조직은 대개 표면에 드러난 특징으로 구별한다. 그야말로 다양한 표면의 직물이 존재하지만, 흔히 쓰이는 종류는 다음과 같다.

능직은 표면에 대각선 모양의 줄이 도드라져 보인다. 데님, 캐벌리 트윌, 풀라드 등이 있다. 군복에 많이 쓰인다.

새틴직은 반짝거리고 부드러운 표면이 특징이다. 뒤세스 새틴, 샤르뫼즈, 그리고 포 드 수아 등이 있다.

자카드직은 강한 광택에서 약한 광택으로 미묘하게 변화하도록 짜인 조직이 표면에 두드러져 보인다. 다마스크, 브로케이드, 마트라세 등이 있다. 패션과 홈 데커레이션 영역에서 고루 쓰인다.

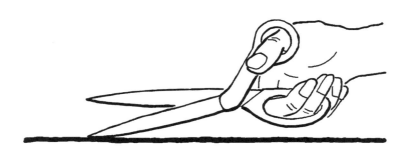

가위 아랫날은 항상 테이블 바닥에 단단히 붙인다.

직물은 어떻게 자르는가

1. 테이블 위에 천을 평평하게 올려놓는다. 절대 손으로 앞쪽에서 천을 잡고 자르지 말라. 테이블은 4면 어디로든 갈 수 있도록 놓아야 한다.

2. 필요하면 다림질을 해서 주름지거나 운 곳을 말끔하게 편다. 가로결과 세로결이 정확히 수직이 되도록 정돈한다. 시폰이나 샤르뫼즈 같은 직물들은 특별히 손길이 많이 필요하다.

3. 직선이든 곡선이든 절개선은 분명하게 표시한다. 패턴이나 템플릿을 사용할 경우에는 핀으로 천을 고정한다.

4. 아주 날카로운 가위를 사용한다. 종이를 자르던 가위는 절대 쓰지 않는다.

5. 가위를 단단히 잡고 미리 그려 놓은 선을 따라 또는 종이 패턴의 윤곽선을 따라 부드럽게 가위질한다. 자른 선이 들쑥날쑥하지 않도록 가윗날이 끝까지 가기 전에 자르기를 멈춘다. 멈추기로 한 지점보다 항상 조금 더 자른다.

6. 자르는 방향을 바꾸기 위해 절대 천을 들거나 옮기지 않는다. 대신 테이블 주변을 걸어 다니면서 가위질하기에 자연스럽고 편한 각도를 찾아서 자른다.

1

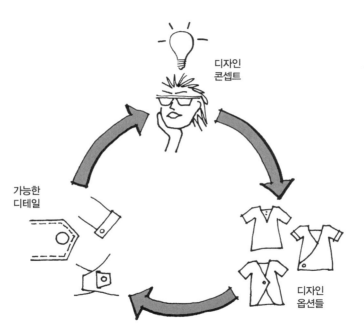

디자인
콘셉트

디자인
옵션들

가능한
디테일

디테일은 디자인 콘셉트의 부가물이 아니다.
오히려 디자인 콘셉트를 발전시키는 데 필수적이다.

성공적인 디자인은 콘셉트의 토대가 튼튼하지만, 사실 콘셉트는 의상의 디테일이 충분히 완성되기 전까지는 이해하기 힘들다. 전 디자인 프로세스에 걸쳐 각각의 디테일을 확대한 드로잉을 그려라. 프로세스의 앞 단계에서도 마찬가지다. 장식적인 화려함뿐 아니라 포켓, 잠금, 솔기처럼 아주 기능적인 부분까지 충분히 고려하라.

때로는 디테일이 디자인 프로세스에 제동을 걸기도 한다. 디자이너는 특정한 실루엣을 염두에 두고 디자인하지만 디테일이 추가되면서 실루엣이 극적으로 바뀔 때도 있다. 그리고 디테일과 관련한 가장 뛰어난 아이디어가 전체 컬렉션을 위한 영감이 되는 일도 종종 생긴다.

1

디자인한 옷이 어떤 과정을 거쳐 제작되는지 모른다면, 당신은 아무것도 디자인하지 않은 것이다.

훌륭한 디자이너는 자신의 디자인을 작업 가능한 현실 속으로 옮기기 위해 자신보다 기술적으로 뛰어난 사람에게 의존하지 않는다. 오히려 뛰어난 디자이너일수록 구조, 봉제, 금속 부자재, 패턴 제작, 소재 선택 등의 기술적인 부분에 더 깊숙이 관여한다. 그렇지 않으면, 역설적이게도 디자이너는 디자인 프로세스의 주도권을 반납하고 창작의 먹이사슬 가장 밑바닥으로 내려가게 된다. 실제로 디자인 콘셉트가 조금씩 구현될수록 패턴 제작자, 샘플 제작팀, 모델, 심지어 영업자들조차 각자의 필요에 따라 콘셉트를 수정하려 드는 일이 빈번히 발생한다. 그리고 그 가운데 경험 많고 노련한 누군가가 아직 경험이 부족한 디자이너의 의견을 꺾게 될 수도 있다. "이 디자인은 실현이 불가능합니다." 이럴 때, 초짜 디자이너가 달리 무엇을 할 수 있겠는가?

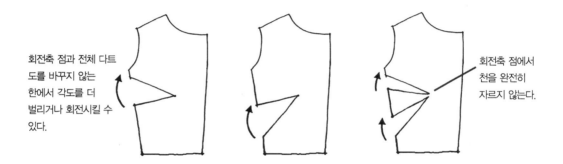

회전축 점과 전체 다트
도를 바꾸지 않는
한에서 각도를 더
벌리거나 회전시킬 수
있다.

회전축 점에서
천을 완전히
자르지 않는다.

언더 암 다트를 만드는 세 가지 방법

다트는 어떻게 잡는가

다트는 특정 부위의 옷감 일부를 접어 꿰맨 것으로, 남아도는 부분을 없애고 옷을 인체의 3차원 굴곡에 맞출 수 있도록 하기 위한 디자인 요소다. 솔기가 직물의 두 폭을 잇대는 것이라면, 다트는 옷 전체에서 필요한 곳마다 국소적인 조정을 위해 쓰인다. 남성복보다는 여성복에서 많이 볼 수 있다.

하나의 다트는 전체 각도의 양을 훼손하지 않는 범위 내에서 두 개 이상의 다트, 플리츠, 턱tuck, 개더 등으로 쪼개질 수 있다.

코넌 오브라이언, 1963~

무작위 가설

당신의 신발은 당신이 누구인지를 말해 준다. 하지만 당신의 머리 모양이나 모자는 당신이 어떤 사람으로 보이고 싶어 하는지를 말해 준다.

누가 어떤 일을 하는가

패션 디자이너 새로운 패션 컬렉션이나 패션 범주를 구상하고, 디자인하고, 총괄 지휘한다.

생산 관리자 디자인실이나 디자인 업체를 위해 비용과 실무 계획을 짠다.

패턴 제작자 디자인을 3차원 의상으로 실현하는 데 필요한 2차원 형태를 옷감으로 정확하게 만든다.

재단사 패턴 제작자가 만든 옷감 형태를 자른다. 디자인실이나 공장에서 근무한다.

샘플 제작팀 디자이너를 위해 최초의 샘플 옷을 만든다. 재봉, 재단, 뜨기, 자수 등을 하는 사람들로 구성된다. 이 중 두 가지 이상의 역할을 맡는 사람을 샘플 제작자라고 부른다.

재봉사 샘플 제작팀에 속하지 않고 공장에서 근무한다.

패션 에디터 미디어에 보낼 사진의 테마를 결정하고, 여러 디자이너 가운데에서 이 테마를 표현할 스타일을 선택한다.

바이어 소매상이나 체인에 근무하는 사람으로, 그곳에서 판매할 의류를 선택한다.

평균적인 성인은 7.5등신˚이고,
패션모델은 적어도 9등신 이상이다.

패션 화보는 의상 이면의 '아이디어'를 보여 주기 위한 것이다. 그러므로 반드시 고객의 공통된 욕구, 곧 젊고, 날씬하고, 우아하고, 품위 있고, 세련되어 보이고픈 열망에 호소해야 한다. 늘씬하고 비율 좋은 몸매를 지닌 인물은 바로 이러한 것들을 연상시킨다.

● 한국의 20대 남녀는 평균 7.3등신이다.

2

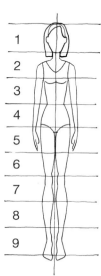

1

2

3

4

5

6

7

8

9

9등신 인체는 어떻게 그리는가?

세로로 길게 선을 그은 다음, 그 위에 짧은 가로 선 10개를 그어 9등분한다.

1구획 달걀형이나 타원형으로 두상을 그린다.

2구획 중간 즈음에 비스듬히 아래로 기울어지는 어깨를 그린다. 어깨 폭은 얼굴 너비의 2.5배다.

3구획 위에서부터 3분의 1 지점에 가슴 선을 놓는다.

4구획 위 경계선에 허리를 두고, 너비는 어깨 폭의 반을 살짝 넘도록 한다. 허리선 옆에 팔꿈치를 나란히 둔다. 아래 경계선에 엉덩이를 그리고, 두상 너비의 두 배 정도로 한다.

5구획 아래에서부터 4분의 1 지점에 짧은 수평선으로 가랑이를 그린다. 그 옆에 나란히 손목을 두고, 손은 아래 경계선에 닿도록 그린다.

5~9구획 다리와 발을 그린다. 허벅지는 5구획의 위 경계선에서 시작하고, 무릎은 7구획의 시작 선 부근을 중심으로 하며, 발목은 9구획의 위에서부터 3분의 1 지점에 그린다.

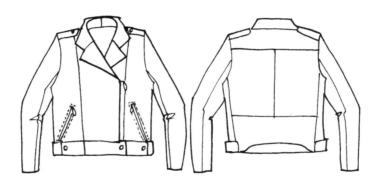

모터사이클 재킷의 앞과 뒤 플랫

일러스트레이션의 유형

패션 디자이너는 뛰어난 커뮤니케이션 능력도 갖추어야 한다. 디자인 의도를 전달하기 위해 사용하는 드로잉의 네 가지 주요 유형은 다음과 같다.

크로키 전반적인 실루엣과 비례, 옷의 모양을 재빨리 묘사한 일러스트레이션. 의상 디자인 작업에는 보통 석 장 이상의 크로키가 필요하다. 디자이너들은 대부분 언제든 크로키를 할 수 있도록 항상 스케치북을 휴대하고 다닌다.

블로업 구성, 스티칭, 금속 부자재, 장식물 등의 디테일을 전체적인 맥락에서 볼 수 있도록 옷의 한 부분을 확대해 그린 일러스트레이션

플랫 옷을 정확히 납작하게 편 상태의 모습으로 그린 전문 일러스트레이션. 구성과 기능을 전달하기 위한 일러스트레이션

피니시 대략 30cm에서 40cm 사이의 패션 체형을 마지막 단계까지 완전하게 표현한 최종 일러스트레이션으로, 한 벌의 옷이나 컬렉션, 목표 고객의 태도나 감각을 전달한다. 컬렉션에 반드시 포함되지 않는 스타일링과 액세서리를 그려 넣기도 한다.

드레이프 의상은 정확한 스케치가 거의 불가능하다.

테일러링 의상의 3차원 모습은 2차원 스케치를 통해서도 충분히 예상하고 표현할 수 있지만, 드레이프가 주를 이루는 의상은 그렇지 못하다. 드레이프의 양상은 직물마다 달라지며 심지어 예상과 전혀 다른 실루엣이 나오는 일도 허다하다. 게다가 패턴이 있는 직물이라면 문제는 더 복잡해진다. 패턴의 주요 부분이 주름에 파묻혀 보이지 않게 될 수도 있기 때문이다.

드레이프 의상을 디자인할 때는 스케치 과정에서부터 직접 직물을 만져 보면서 작업을 해야 한다.

2

복잡한 옷의 제작 과정은
보통 여기에서 시작한다.

일반적인 옷의 제작 과정은
보통 여기에서 시작한다.

스케치는 어떤 과정을 통해 의복 원형으로 바뀌는가

디자인 스케치를 3차원 의복으로 바꾸는 데는 두 가지 방법이 있다. 복잡한 옷은 먼저 드레스폼 위에 모슬린 천을 올려놓고 드레이핑한 다음, 턱과 다트를 넣으면서 원하는 핏이 나오도록 조정한다. 그 뒤 모슬린을 드레스폼에서 떼어 테이블 위에 올려놓고, 패턴 조각들을 더 정확하게 다듬는다.

일반적인 옷은 기존의 패턴을 이용해 테이블 위에서 디자인을 마친다. 그 뒤 패턴을 모슬린으로 옮기고 드레스폼 위에서 다듬는다.

두 경우 모두 최종적인 모슬린 원형이 탄생할 때까지 몇 번이고 같은 과정을 반복해야 한다. 원형이 완성되면 모델에게 입혀 마지막으로 조정하고, 이어 원단을 재단하기 시작한다.

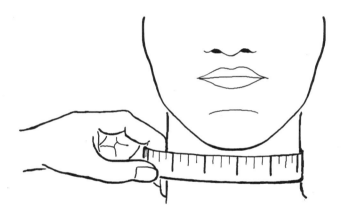

목둘레는 줄자 안으로 손가락 하나 정도가
들어갈 수 있을 정도로 넉넉하게 잰다.

치수는 넉넉하게 재라.

신체나 옷의 치수를 지나치게 빠듯하게 재는 것은 좋지 않다. 반드시 재야 할 주요 신체 치수는 다음과 같다.

가슴둘레 버스트의 가장 높은 곳을 지나는 둘레와 두 팔 아래를 통과한 밑가슴 둘레를 잰다. 절대 버스트 의 비스듬한 경사 부분을 지나서는 안 되며, 줄자는 항상 수평을 유지한다.

허리 몸통의 가장 가는 부분을 잰다.

엉덩이 허리에서 대략 18cm 아래 즈음, 가장 둘레가 큰 곳을 잰다.

그 외에도 앞 중심, 뒤 중심, 어깨, 목, 어깨 경사, 옆 솔기 등도 재야 한다.

오트 쿠튀르는 프랑스 법으로 보호된다.

파리상공회의소가 정한 자격 요건을 충족한 것으로 인정받은 패션 기업만이 '오트 쿠튀르haute couture' 라벨을 사용할 수 있다. '오트 쿠튀르 조합'의 구성원들은 다음의 사항을 이행해야 한다.

- 특별 고객을 위해 맞춤형 의상을 제작한다.
- 파리에 15명 이상의 직원을 둔 디자인 스튜디오를 둔다.
- 1년에 두 차례 프랑스 언론에 35벌 이상의 데이웨어와 이브닝 웨어 컬렉션을 발표한다.

be spat ter(be spat′ ər, bi-). **타.** 흙 따위를 흩뿌리다; 비방하다, 더럽히다

be speak(be spēk′, -bi) **타.** **-spoke**(-spōk), **-spoken** 또는 **-spoke**, **-speaking 1.** 미리 부탁하다, 예약하다 **2.** …의 증거가 되다, 나타내다. (고대 영어에서) besprecan '…에 대해 말하다,' (1580년 전후) '부탁하다, 이미 준비하다, 미리 청하다,' (1600년대에서 1700년대) '주문 제작된'

best(best) **형.** [고대 영어 betst] **1.** good의 최상급 **2.** 가장 뛰어난, 알맞은, 바람직한 등 **3.** 대다수 **–부. 1.** well의 최상급 **2.** 최고로 **–명. 1.** 가장 뛰어난 또는

비스포크 테일러링

비스포크 테일러링bespoke tailoring은 남성 전용 맞춤 의상 서비스다. 소재에서 스타일, 핏에 이르는 주문자의 요구 사항을 정확히 반영해 슈트와 셔츠를 만든다. 원래 이 용어는 최고급 의상에 국한해 사용하는 표현이 아니었지만, 오늘날에는 남성복의 오트 쿠튀르와 같은 의미로 쓰인다. 오트 쿠튀르와 비스포크 테일러링의 두 표현은 프랑스 정부에 의해 법적으로 보호받는다.

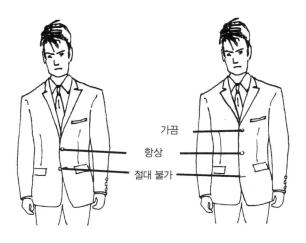

가끔

항상

절대 불가

투 버튼과 스리 버튼 재킷의 단추 채우기

전통적인 남성 슈트의 규칙

소재 100% 모직 또는 면. 실크나 합성 소재, 혼방은 피한다. 헤링본이나 윈도페인, 트위드 같은 전통적인 패턴은 회색이나 갈색 모직으로, 핀스트라이프와 초크 스트라이프는 회색, 네이비, 검정색 모직으로 만든다. 면 슈트는 황갈색이나 흰색 같은 밝은 색으로, 시어서커 슈트는 회색/흰색, 네이비/흰색 또는 붉은색/흰색으로 만든다.

재킷 몸에 편안하면서도 정확히 맞아야 하며, 단추를 잠근 상태에서 주름이 생기면 안 된다. 어깨는 튀어나오거나 너무 푹 꺼지지 않도록 주의하며, 가슴판과 라펠은 평평하게 누워야 한다. 칼라는 목 뒤쪽에 반듯하게 붙고, 셔츠 칼라의 2분의 1인치가 보이도록 한다. 재킷의 소매는 손목에서 1인치 내려오고, 셔츠의 커프스가 소매 아래로 2분의 1인치 정도 보여야 한다. 단추가 2열로 배열된 더블브레스트 슈트는 상체가 넓은 사람에게, 1열로 배열된 싱글브레스트 슈트는 상체가 좁은 사람에게 어울린다. 버튼의 개수가 적을수록 상반신이 길어 보이는 효과가 있으나, 흰색 디너 재킷은 반드시 원버튼 스타일이어야 한다. 한두 개 정도의 트임이 적당하며, 트임이 없는 재킷은 싸구려처럼 보인다.

바지 지나치게 펑퍼짐하거나 너무 꼭 맞아서 바지 주머니가 바깥으로 젖혀져도 곤란하다. 주름은 반드시 모직 소재에서만 잡고, 양 측면에 하나씩 들어가도록 한다. 주름의 접힌 부분은 정면에서 볼 때 펴져 있어야 한다. 바짓단은 커프스 처리를 해도 좋고 안 해도 좋다. 뒤 기장은 신발 굽에 닿아야 하며 앞 기장은 신발 윗부분을 덮어야 한다.

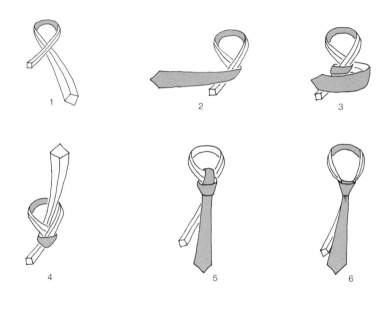

맷 매듭을 매는 법

칼라와 타이

셔츠 칼라의 폭과 길이, 재킷 라펠의 폭, 타이의 폭과 무게 등은 상호 의존적이다. 널찍한 라펠은 스프레드 칼라 셔츠와 윈저 같은 정통 매듭과 함께 연출해야 비례가 어울린다. 좁은 라펠의 슈트는 좁은 스프레드 칼라 그리고 포인핸드four-in-hand 같은 작은 타이 매듭과 짝을 이룬다. 넥타이 끝부분은 항상 벨트의 버클과 만나야 한다. 가장 흔한 타이 매듭으로는 다음과 같은 것이 있다.

윈저 고전적이고, 크고, 대칭적이고, 격식을 차린 매듭

하프윈저 윈저에 비해 상대적으로 작고 단순하며, 중간 또는 넓은 칼라 스프레드와 중간 무게의 타이와 어울린다.

포인핸드 살짝 비대칭을 이루는 약식 매듭으로, 매듭 아래 길이를 길게 뺀다. 좁은 칼라 스프레드와 키가 매우 큰 사람에게 잘 어울린다.

프랫 작거나 중간 크기의 대칭 매듭으로, 윈저보다는 매듭 아래 길이를 짧게 뺀다. 넥타이의 뒷면을 앞으로 두고 매기 시작한다.

맷 매우 좁은 대칭 매듭으로, 역시 넥타이 뒷면을 앞으로 놓고 매기 시작한다. 드레이프가 풍성한 타이를 맬 때 효과적이다.

3

마크 트웨인, 1835~1920

"옷은 인간을 만든다. 벌거벗은 인간은 사회에 거의
또는 전혀 영향을 미치지 못한다."

– 마크 트웨인Mark Twain

패션은 문화의 척도다.

패션은 문화에 반응한다. 물론 그 방식은 아주 독특하며 결코 예측할 수 없다. 제19차 수정헌법을 통해 최초로 참정권을 보장받았던 미국 여성들은 머리를 단발로 자르고 치마 길이를 무릎 위로 올렸다. 반면, 대공황 때는 보수적인 스타일이 지배하리라는 예상을 뒤엎고 극단적으로 화려한 패션이 등장했다. 여성들이 대거 사회로 진출하기 시작한 1980년대에는 강한 인상을 주기 위한 어깨 패드가 등장했다. 얼마 뒤에는 남성 패션도 여성들의 이 과장된 패드를 이용하기 시작했다.

패션 디자이너는 사회 곳곳에서 벌어지는 광범위한 문화 현상과 발전 양상을 꾸준히 파악하고 그것을 패션에 직접적으로 반영하기보다는 자연스럽게 녹여 낼 줄 알아야 한다.

요지 야마모토의 의상 디자인

개념적 디자인은 히로시마에서 시작되었다.

개념적 디자인이라고 불리는 패션의 역사는 제2차 세계대전 때 히로시마와 나가사키에 투하된 원자폭탄까지 거슬러 올라간다. 세 명의 일본 디자이너 레이 가와쿠보, 이세이 미야케, 요지 야마모토는 그 여파 속에서 자라 1970년대 말과 1980년대 초에 아방가르드 디자이너가 되었다. 이들은 패션의 서구 중심주의가 막을 내리도록 만들었고, 아름다움에 대한 기존의 개념을 송두리째 바꾸어 놓았다.

로큰롤 이전에는 젊은이들도 그들의 부모처럼 입었다.

1960년대의 베이비 붐, 문화적 현상으로서의 로큰롤, 미국을 비롯한 서구 사회 일반에 만연한 불만 등은 격동적이고 청년 중심적인 반문화를 낳는 밑바탕이 되었다. 그 이전까지만 해도 아동과 10대 청소년들은 부모의 축소판으로 인식되었고 옷도 그렇게 입었다.

여성의 패션은 매일 변한다.
남성의 패션은 한 세기마다 변한다.

서구에서 근대 이전까지 남성과 여성의 패션은 비슷한 빈도로 변했다. 계몽주의가 인간 평등을 주장하고 나서자 패션으로 사회적 신분을 구별해야 할 필요성이 어느 정도 완화되었다. 또 군복이 표준화되면서 남성은 더 이상 평상복을 입고 전쟁터에 가지 않아도 되었고, 이것은 의상의 평등화를 부추겼다. 남성의 맞춤 슈트는 19세기에 사회적 평등을 가져온 일등 공신이었다. 그리고 그 후로 거의 달라지지 않았다.

여성 패션의 20세기

트렌드/실루엣	시대/영향	중요한 디자이너
모래시계	아르누보	찰스 프레더릭 워스
코르셋 해방/호블 스커트*	아시아/참정권	폴 푸아레
소년 같은 납작한 몸매	제19차 수정헌법	가브리엘 '코코' 샤넬
바이어스 컷	할리우드	마들렌 비오네, 아드리안
넓은 어깨/에이라인 스커트	제2차 세계대전	엘사 스키아파렐리, 멩보셰
뾰족한 가슴/풀 스커트	뉴 룩	크리스찬 디올, 크리스토발 발렌시아가
아기 같은 납작한 몸매	청년 문화	앙드레 쿠레주, 메리 퀀트
부유한 히피	길거리 의상	이브 생로랑, 로이 할스턴
넓은 어깨/짧은 스커트	과시적 소비	조르조 아르마니, 크리스티앙 라크루아
미니멀리즘	벨기에/그런지	마크 제이콥스, 헬무트 랭

● 착용하면 보통 보폭으로 걷기가 힘든 롱스커트

에이라인

에이치라인

한 패션 디자이너가 프랑스의 전후 경제를 부활시켰다.

제2차 세계대전이 끝난 뒤 프랑스의 원단 공장들은 그 사이 제조업의 중심축이 전시산업으로 이동해 있었기 때문에 극심한 침체기를 맞았다. 이때 크리스찬 디올은 옷감 소요량이 많은 풀 스커트를 선보임으로써 섬유산업의 불씨를 지폈다. 그리고 시즌별로 현격히 다른 실루엣을 제시해 여성들의 쇼핑과 돈의 융통을 도왔다. 하지만 디올의 '뉴 룩'이 오직 마케팅 전략 때문에 인기를 누렸던 것은 아니다. 디올의 진정한, 더 중요한 공헌은 전쟁 동안 희생되었던 여성성을 의도적으로 부각했다는 데 있다.

에이라인   서클   스트레이트   페그

풀   플리티드   스코트   랩

스커트의 기본 유형

에이라인 대략 가벼운 플레어스커트의 일종으로 볼 수 있으며, 알파벳 'A'자와 모양이 비슷하다.

서클 원형의 원단 한가운데에 허리 구멍을 뚫어 만든 스커트. 치맛단이 매우 풍성하며 다트나 플리츠 없이 허리와 엉덩이에 밀착된다. 하프서클 스커트로 변형이 가능하다.

스트레이트 엉덩이에서 헴라인까지 곧바로 떨어지며, 엉덩이와 헴라인의 둘레가 동일하다. 요크*나 다트로 허리와 엉덩이 둘레를 맞춘다. 중간 길이인 펜슬과 호블의 두 유형이 있다.

페그 스트레이트 스커트와 유사하지만, 헴라인이 엉덩이 둘레보다 좁기 때문에 신체의 굴곡을 잘 드러낸다. 아랫부분에 플레어스커트를 붙이면 트럼펫 스커트가 된다.

풀 폭이 풍성하고 개더나 플리츠로 허리를 잡은 스커트. 던들, 푸프, 버블 스커트 등으로 변형이 가능하다.

플리티드 주름을 많이 잡아 아코디언이나 풍선 같은 효과를 내고, 허리와 엉덩이는 딱 맞는 풀 스커트

스코트 반바지와 스커트를 결합하되 겉으로는 스커트처럼 보이도록 만든 것

랩 천으로 몸을 둘러싼 뒤 고정한다. 킬트와 사롱이 있다.

● 허리선과 엉덩이 둘레선 사이에 들어가는 수평의 절개선

'공짜' 액세서리는 옷의 질을 떨어뜨린다.

벨트, 서스펜더멜빵 스카프, 주얼리 등을 옷에 부착하면 추가 비용이 발생한다. 따라서 이 같은 부착물은 대부분 질이 떨어지는 경우가 많고, 충분히 그 자체로 매력적인 아이템이 될 수도 있을 액세서리들조차 싸구려로 전락한다. 혹은 옷 자체도 부착물이 없었을 경우보다 품질이 떨어지는 사태가 발생한다.
명심하라. 옷에 액세서리를 달고 싶은 충동이 든다면, 그것은 디자인 자체가 취약하다는 것을 입증하는 외부적 요소를 끌어들이려는 것밖에 되지 않는다는 사실을.

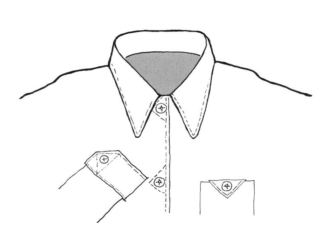

부가가치

디자이너는 고객이 이미 소유하고 있는 옷을 또 사도록 설득해야 하는 상황에 자주 놓이게 된다. 어떻게 디자이너는 기본 스웨터나 스커트가 필요하지 않은 고객에게 그 아이템을 팔 수 있을까?

'부가가치' 디테일은 구매를 망설이고 있는 중간, 하위, 캐주얼 패션 시장의 바이어들을 사로잡는 데 특히 효과적이다. 부가가치 디테일은 옷에 반드시 필요하지만 별도의 큰 추가 비용을 발생시키지 않은 채 새롭게 또는 흥미롭게 변형한 디테일들을 가리킨다. 특이한 버튼, 독특한 스티칭, 재미있는 형태의 포켓, 대조적인 혹은 패턴을 넣은 안감 등이 대표적인 예다.

'무'에서는 부가가치를 만들 수 없다.

별다른 영감도 없이 시작한 어중간한 디자인 콘셉트를 하나 더 늘리려고 애쓰기보다는, 일단 목표를 지나칠 정도로 높게 잡아라. 예컨대, 한 벌의 옷이든 컬렉션이든 콘셉트를 과장되게 잡거나 표현성이 과도하다 싶을 정도로 디자인하라. 그런 다음, 그것들을 '희석'시켜 나가라.

4

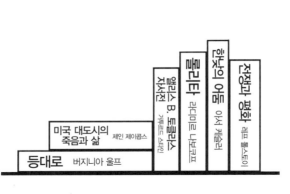

미국 대도시의
죽음과 삶 제인 제이콥스

등대로 버지니아 울프

앨리스 B. 토클라스
자서전 거트루드 스타인

롤리타 블라디미르 나보코프

한낮의 어둠 아서 쾨슬러

전쟁과 평화 레프 톨스토이

"평범함은 예외성이 줄어든 것으로 볼 수 있어도,
 예외성은 평범함을 확대한 것으로 볼 수 없다."

– 에드거 윈드Edgar Wind, 《방법에 대한 고찰》 중에서

양재사

기성복이 등장하기 전의 여성들은 직접 또는 양재사에게 부탁해 옷을 지어 입었다. 양재사는 완전히 새롭게 디자인하는 것이 아니라 당대의 패션을 모방하거나 변형해 옷을 만든다는 점에서 패션 디자이너와 다르다. 그들은 흔히 러플, 플라운스, 스냅똑딱단추, 스파게티 스트랩*, 리본 같은 장식을 추가했다.

양재사의 디테일 작업은 패션디자인에서 중요하다. 하지만 디자이너가 실루엣이나 핏 라인, 테일러링 같은 디자인의 본질적인 부분보다 장식이나 아플리케 등에 더 관심을 두고 만든 옷을 경멸하는 표현으로 '양재사 디테일'이라는 말이 쓰이는 경우도 있다.

* 어깨끈이 가느다란 여성용 톱

이유가 있어야 한다.

극도로 표현적인 의도를 담아 디자인한 부분이라 할지라도 의복의 구조, 핏, 용도, 심지어 제작 방식 등의 기능적 요건과 분리되어서는 안 된다. 모든 디자인 행위는 전체의 목적에 기여하는 개별 기회들로 간주되어야 한다. 예컨대, 디자인 과정에서 시험 삼아 선을 하나 그렸다면 디자이너는 그 선이 전체적인 핏에 어떤 영향을 줄 것이며 나아가 핏을 어떻게 더 낫게 만들 수 있을지를 고민해야 한다. 극적이고 비대칭적인 디자인은 포켓이나 금속 부자재를 놓을 위치를 찾는 데 돌파구가 되어 줄지 모른다. 컬러블로킹®은 옷의 구조에 더 많은 관심이 쏠리도록 만들 수 있다. 고르지 않게 재단된 헴라인은 대조적인 안감이나 유머러스한 신발 또는 부츠를 돋보이게 할 수 있다.

단지 '내가 좋아서'라는 이유만으로 정당화된 디자인은 막상 옷이 완성되었을 때 디자이너의 마음에 잘 들지 않는다.

● 색을 구획별로 대비한 디자인

4

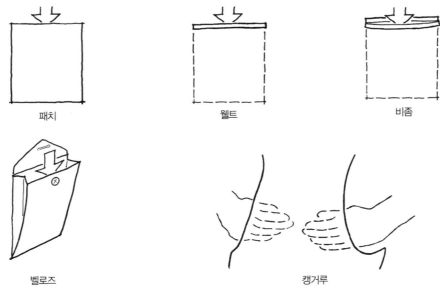

패치

웰트

비좀

벨로즈

납작해 보이는 유형

캥거루

패치 포켓은 실용성을 상징한다.
웰트 포켓과 비좀 포켓은 세련되어 보인다.

가장 많이 볼 수 있는 포켓의 종류는 다음과 같다.

패치 옷의 바깥 면에 천 조각을 올려놓은 후 세 면을 꿰매 붙이고 한 면만 남겨 둔 것 흔히 페인트공이나 목수 등의 바지에서 볼 수 있는 패치 포켓은 기능성을 상징하며, 대개 우아한 의상과는 어울리지 않는다.

웰트 아주 흔한 포켓 유형으로, 옷감을 가르고 그 안에 주머니를 숨겨 놓은 형태

비좀 웰트 포켓의 변형. 커다란 단춧구멍을 만드는 것처럼 처리하고, 입구의 양쪽은 파이핑이나 웰트로 마무리한다.

벨로즈 패치 포켓의 변형. 앞으로 부풀릴 수 있게 만든 포켓

캥거루 상체 앞쪽에 다는 파우치 형태의 포켓. 흔히 양쪽 면에 다 열려 있지만, 위쪽에서 열리도록 만들기도 한다.

봉제선을 스타일 라인으로, 스타일 라인을 봉제선으로

훌륭한 디자이너는 핏을 유지하기 위해 솔기의 위치를 전략적으로 정하고 조정하면서 흥미롭고 혁신적인 미적 효과를 창출한다. 그리고 그 반대, 다시 말해 스타일 라인을 구조적으로 유용한 요소로 바꾸는 작업을 하기도 한다. 소재나 질감이 대조적인 직물을 끼워 넣거나 신체의 굴곡을 강조하기 위해 미적 효과를 목표로 봉제선을 넣는다면, 옷을 신체에 더 잘 맞출 수 있다.

단순한 옷의 디자인은 단순하지 않다.

옷에서 불필요한 디자인 요소가 없어지면 비례, 라인, 핏 등과 같은 보다 미묘한 요소들이 두드러진다. 단순한 옷을 디자인하려면 해부학예컨대, 목선과 쇄골은 어떻게 연결되는가, 기하학, 균형, 긍정적 공간과 부정적 공간, 부분과 전체의 조화 등에 대한 이해가 뒷받침되어야 한다.

4

		신장	체중	BMI[*]
여성	미국 평균 2002	5′~3.8″	163lbs.	28.2
	캐나다 평균 2005	5′~3.4″	153lbs.	26.8
	패션모델 평균	5′~10″ ±	118lbs. ±	16.9
남성	미국 평균 2002	5′~9.3″	190lbs.	27.8
	캐나다 평균 2005	5′~8.5″	182lbs.	27.3
	패션모델 평균	6′~0″ ±	178lbs. ±	24.1

BMI[*] = Body Mass Index [체중(kg) ÷ 키(m) × 키(m)]

자료 : 미국국립보건통계센터, 캐나다지역건강조사[®]

모델 비율

다음은 패션 산업에서 모델을 구분하는 몇 가지 범주다. 모델이 입는 옷은 대개 한 가지 치수로만 만든 선제작 샘플이기 때문에, 범주마다 요구하는 신체 사이즈는 아주 엄격하다.

패션/지면 모델잡지, 광고, 카탈로그, 런웨이 여성은 키 175cm5′~9′ 이상, 신체 치수 34-24-34사이즈 4가 이상적이다. 남성은 키 180cm5′~11″에서 188cm6′~2′ 사이, 슈트 사이즈 39에서 42, 허리둘레는 32인치가 이상적이다.

쇼룸 모델 소매상들이 다음 시즌의 스타일을 미리 선보기 위해 공장이나 디자인 회사를 방문했을 때 필요한 모델이다. 패션/지면 모델과 동일한 신체 조건이 필요하다.

핏 모델 디자인팀에서 제작 샘플을 만들 때 필요한 모델. 여성 모델은 사이즈 8을, 남성 모델은 40R 사이즈를 원한다. 모델은 제작 피팅이 완성될 때까지 적어도 두 달간 이상적인 사이즈를 유지해야 한다.

플러스 사이즈와 빅 앤 톨남성 모델 모든 모델 범주에서 거의 빠지지 않는다. 보통 여성은 사이즈 14, 남성은 사이즈 XL에 허리 36인치 정도다.

● 2010년 지식경제부 기술표준원에서 발표한 한국인 평균 신장은 남자 174cm, 여자 160.5cm이다.

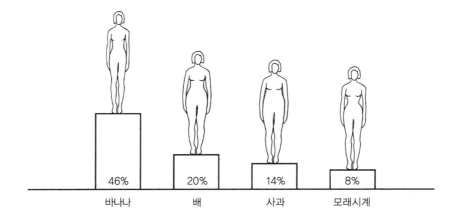

| 46% | 20% | 14% | 8% |

| 바나나 | 배 | 사과 | 모래시계 |

여성의 신체 유형
자료 : 노스캐롤라이나 주립대학, 2005

키 180cm, 체중 55kg의 모델이 입었을 때만 멋있는 옷이라면 잘못된 디자인이다.

한 컬렉션이 목표로 삼는 고객들은 사고방식이나 생활 방식, 쇼핑 방식 등의 면에서는 서로 비슷할지 몰라도 체형만큼은 결코 아니다. 훌륭한 컬렉션은 다양한 신체 유형에 맞춘 여러 가지 실루엣과 비율, 소재를 제공한다.

프티

대략 162cm 이하
의 여성. 단일 사
이즈로 P로 표기
한다.

주니어

가슴과 엉덩이가
빈약한 소녀. 1에
서 13까지 홀수
사이즈

미시즈

보통의 신장과 비
율을 가진 여성.
0에서 14까지 짝
수 사이즈

플러스 사이즈

체구가 큰 여성. 14W에서
24W까지 W로 표기한다.
주니어 컬렉션 가운데에도
플러스 사이즈로 구입할 수
있는 디자인이 있다.

그레이딩

디자이너들은 중가 시장을 위해 주로 여성 사이즈 8을, 디자이너 시장을 위해서는 사이즈 4를 기준으로 삼는다. 하지만 그 밖의 사이즈로도 의복을 제작할 수 있는 까닭은 그레이딩 작업 때문이다. 그레이딩은 주요 부위, 예컨대 목선에서 허리, 어깨에서 허리, 앞뒤 가슴선, 허리, 소매 폭 등의 치수를 표준화하는 것이다. 각 디자인 업체는 비례와 스타일의 일관성을 유지할 수 있도록 생산 관리자가 정한 자체 그레이딩 공식을 사용한다.

플러스 사이즈와 프티 사이즈는 이 옷을 입을 사람들의 체형에 맞도록 비율을 조정하는 데 각별히 신경 써야 한다. 결코 사이즈 4나 8을 줄이거나 늘여서 만드는 것이 아니며, 패턴 작업과 심지어 디자인도 달리한다. 미시즈 사이즈의 디자인 가운데 플러스 사이즈와 프티 사이즈를 찾기 힘든 이유가 바로 이 때문이다.

직물 선택

디자이너는 색상과 직물을 동시에 생각한다. 예를 들어, 흰색은 소재와 연관해 생각하지 않으면 디자인 요소로서 전혀 의미가 없다. 뻣뻣한 흰색 리넨과 그와 정반대인 폭신한 울의 차이를 생각해 보라. 또는 하이패션 포 드 수아의 세련된 핫 핑크와 나일론이나 스판덱스 핑크의 엄청난 차이를 떠올려 보라.

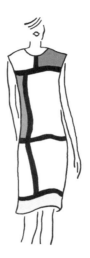

이브 생로랑의 몬드리안 드레스

원색을 찾는 고객은 제한되어 있다.

역사적으로 보더라도 삼원색빨강, 노랑, 파랑이나 이차색주황, 보라, 초록만으로 제작된 의상은 몇 벌 되지 않는다. 기본 색상으로 된 옷 한 벌이라면 대단히 개성적인 아이템이 될 수 있지만, 컬렉션 전체가 이런 색상으로만 이루어졌다면 고객은 극도로 제한될 수밖에 없다. 짙은 노란색 원피스처럼 한 시즌에 몇 번 입기 힘든 옷이 있는가 하면, 같은 디자인의 원피스라도 검정, 회색, 네이비 색상이라면 훨씬 자주 입을 수 있기 때문이다. 컬렉션에서 효과적인 색상 팔레트는 대개 주변에서 흔히 볼 수 있는 색들이다.

검은색과 흰색은 단순히 까맣거나 하얗지 않다.

색상 팔레트를 검은색이나 흰색으로만 정한다면 디자인 작업이 간단해 보일지 모른다. 그러나 그 안에서 통일성을 확보하려면 질감, 드레이프, 촉감의 미묘한 차이에 대해 몇 배나 신경 써야 한다. 심지어 같은 검은색끼리도 어울리지 않는 조합이 많다. 따뜻한 검정갈색 계열과 차가운 검정파란색 계열은 나란히 두면 촌스럽고 싸구려처럼 보인다.

흰색으로만 구성한 색상 팔레트 역시 비슷한 난관에 봉착한다. 여름용 흰색은 햇볕에 그을린 피부색을 멋지게 부각하고, 폭신한 겨울용 흰색은 편안하고 아늑해 보인다. 하지만 흰색은 문화적 차이 때문에 문제가 발생하곤 한다. 예컨대, 서양에서는 순수를, 동양에서는 죽음을 상징한다. 게다가 검은색과 마찬가지로 모든 종류의 흰색이 서로 무덕대고 잘 어울리는 것은 아니다. 따뜻한 흰색과 차가운 흰색은 나란히 놓으면 지저분한 느낌을 준다.

패션의 야심에 대한 두 가지 견해

'큰' 실수를 하라. 목표와 포부를 능력 이상으로 높게 잡아라. 중간 정도를 겨냥하고 적중시키기보다는, 천재를 겨냥하고 도달하지 못하는 편이 낫다. 반응을 불러일으키도록 하라. 지나칠 정도로 많은 이야기를 담은 디자인을 내놓고 어떤 일이 벌어지는지 지켜보라. 이미 잘할 수 있는 것은 하지 말라. 낯선 것들을 시도해 새로운 레퍼토리를 만들어라. 컬렉션에 필요한 것 이상의 많은 옷과 액세서리를 디자인하고, 그때그때 상황에 맞추어 규모를 줄여라.

큰 행위를 최소화하라. 큰 제스처는 조금씩 하라. 컬렉션의 아이템을 구조나 테마 면에서 복잡한 대작으로 만들지 마라. 그런 디자인은 군더더기가 많고, 과도하고, 심지어 어리석어 보일 것이기 때문이다. 연극에서 배경인물이 주인공을 두드러지게 해 주듯, 교향곡에서 크레센도 사이사이에 조용한 간주들이 끼어 있듯, 공격적인 패션 행위는 좀 더 친숙한 것들 사이에 삽입된 예외가 되어야 한다.

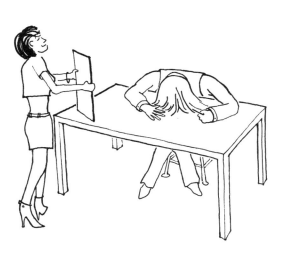

디자인 강사를 실망시키는 두 가지 방법

강사가 말한 그대로 한다. 이것은 강사에게 "나는 생각하기 싫다"고 말하는 것이나 다름없다. 강사의 말이나 제안은 정답이 아니다. 주어진 과제를 해결하기 위해 타진해야 할 수많은 길 가운데 극히 일부에 불과하다. 어쩌면 강사는 당신이 실제로 무엇을 해야 하는지에 대해서는 아예 함구할지 모른다. 대신 하지 말아야 할 것, 잘 풀릴 기미가 보이지 않는 엉뚱한 방향으로부터 당신을 되돌리기 위해 열심히 유도하고 있는지도 모른다. 강사의 제안을 동기 삼아 자신만의 창조적 반응을 끌어 내라.

강사가 말한 대로 하지 않는다. 이것은 강사에게 "나는 배우고 싶지 않다"고 말하는 것이다. 또 당신이 강사보다 더 많이 알고, 강사가 당신의 컬렉션 디자인을 본받고 싶어 하며, 당신의 창조성이 비판 때문에 상처받았다고 생각한다는 고백이다. 하지만 강사는 당신보다 훨씬 많이 경험한 디자인 프로세스에 대해 당신에게 영감을 주려는 것이다. 거부 반응이 든 제안이라도 시도해 보라. 그런 시도야말로 훌륭한 디자인 과정을 이루는 중요한 요소다.

디자인 콘셉트의 발전

디자인의 네 가지 허상

허상 창조적인 디자인은 과거에 한 번도 보지 못한 것을 디자인하는 것이다.
실상 과거에 한 번도 보지 못한 것이라면, 누구도 생각하지 못해서가 아니라 당시 실효성이 없었기 때문
이었을 수 있다.

허상 아이디어를 얻기 위한 쇼핑은 베끼기다.
실상 아이디어 쇼핑은 훌륭한 디자이너를 위한 도구다. 그것은 디테일, 피니시, 처리 등에 관한 정신적 레
퍼토리를 넓혀 준다.

허상 성공적인 최종 디자인은 원본 스케치와 다르지 않다.
실상 성공적인 디자인 콘셉트는 전체 디자인 과정 안에서 고객의 요구에 가장 잘 부합할 때까지 계속해
서 발전한다.

허상 현실은 진부하다.
실상 패션은 꿈이 있고, 감동적이고, 심지어 환상적인 요소마저 지녀야 하지만, 훌륭한 디자이너가 하는
일은 현실의 사람들에게 옷을 입히는 것이다.

미켈란젤로는 훌륭히 해냈다.

교황 율리우스 2세가 시스틴 성당의 벽화를 의뢰했을 때, 미켈란젤로는 수많은 아치와 돔, 벽기둥 탓에 천장이 이리저리 분할된 것을 보았고, 앞으로 직면하게 될 제약과 한계, 곤경 때문에 두려웠다. 게다가 절대다수가 문맹인 회중에게 성경을 이해시켜 달라는 요구에 더 큰 부담을 느꼈을지도 모른다.

그렇지만 그가 "나는 천장을 좋아하지 않는다", "내 스타일이 아니다"라고 투덜거렸을 것 같지는 않다. 그리고 그가 그림을 그리는 동안 교황의 '입김'이 작용하지 않았을 리도 없다. 하지만 미켈란젤로는 현실적인 제약을 예술적 기회로 바꾸었고, 진정한 창조성이 무엇인지를 보여 주기 위한 시금석으로 만들었다. 참된 창조성은 이렇게 현실의 문제를 해결해 가는 과정에서 제 모습을 드러낸다.

알버트 아인슈타인, 1879~1955

자신이 인정받지 못한 천재라고 느낀다면, 그것은 당신이 천재가 '아니기' 때문일지 모른다.

설사 당신이 천재라 하더라도, 인정받지 못한 책임은 당신에게 있다. 천재로 인정받았을 때의 책임 역시 당신에게 있는 것과 마찬가지다. 자신의 아이디어를 세상과 소통하는 능력을 키워라.

항상 취향의 문제만은 아니다.

패션에서 견해 차이는 흔한 일이지만, 모든 의견이나 취향의 결과물이 동등한 것은 아니다. 사실, 의견 차이는 알고 있는 지식의 차이에서 비롯되는 경우도 많다. 직물, 핏, 구조, 색상, 테일러링에 대해 많이 알수록, 그 사람의 의견은 그만큼 더 존중받을 자격이 있다.

반대되는 의견을 단순히 개인적인 선호의 문제로 치부해 버리기 전에 먼저 이렇게 자문하라. "우리 두 사람이 법정에 선다면 누구의 자격이 더 인정받을까?" 그리고 당신을 비판하는 사람의 시각을 배척하기보다 그것을 포용할 수 있는 가능성에 대해 생각하라. 그것이야말로 현재 당신과 당신의 비판자가 도달한 수준을 뛰어넘고 발전하는 길이다.

엘사 스키아파렐리의 신발 모자

"[코코] 샤넬은 취향이 다양하진 않지만 모두 훌륭하다.
[엘사] 스키아파렐리는 취향이 다양하지만 모두 나쁘다."

– 크리스토발 발렌시아가 Cristóbal Balenciaga

다이애나 브릴랜드, 1903~1989

"조금 나쁜 취향은 음식에 향신료를 뿌리는 것과 같다.
 우리는 모두 나쁜 취향이 필요하다.
 나쁜 취향은 활기차고, 건강하고, 육체적이다.
 나는 결단코 취향의 부재를 반대한다."

– 다이애나 브릴랜드Diana Vreeland

앨런 린지 고든의 사진 따라 하기

직물은 '손으로' 골라라.

직물을 선택할 때 색상, 질감, 패턴은 결정적인 고려 사항이지만, 그보다 더 우선시해야 할 것은 무게, 특징. '촉감'이다. 직물을 고를 때는 눈을 감아라. 그러면 감촉의 차이와 특성에 더욱 예민해질 수 있을 것이다.

옷걸이에 걸릴 때가 멋지다.

어깨 부분이 없거나, 스파게티 스트랩이 달리거나, 목이 넓게 파인 옷은 소매상점에서 효과적으로 진열하기 힘들 때가 많다. 디자인 자체가 훌륭하다 할지라도 이런 옷들은 옷걸이에 걸리면, 특히 근처에 매력적인 다른 옷들이 진열되어 있으면 더더욱 눈길을 끌지 못한다. 이 때문에 고객들은 선뜻 입어 볼 마음이 내키지 않게 되고, 매장 주인들은 아예 고객에게 그런 기회조차 주지 않으려는 상황이 발생한다.

옷걸이 고리는 옷걸이에 걸리지 않는 옷들을 진열할 수 있는 간단한 해결책이다. 하지만 이것에 지나치게 의존하는 것은 디자이너가 고객의 요구를 무시하고 있다는 뜻이 되기도 한다. 한 컬렉션에서 이런 문제를 5% 이상 안고 있다면, 이는 고객에게 지나치게 신체 노출을 강요하는 것이다.

메리 카샛의 그림 따라 하기

뒷지퍼는 최고급 크리스털과 같다.
최고는 특별한 순간을 위해 남겨 둬라.

학생들이 독특한 디자인을 내놓았을 때, 그 옷을 입는 방법에 대해 질문하면 대부분 "뒷지퍼요"라고 대답한다. 뒷지퍼는 의상 자체를 구조적으로 수정할 필요가 없기 때문에 경험이 부족한 디자이너들이 자주 사용하는 방식이다. 그러나 이것은 만족스러운 해결책이 아니다. 옷을 갈아입을 시간 여유가 15분밖에 없는 여성이라면 짜증과 화만 돋우는 뒷잠금 방식은 여성이 코르셋과 후프 스커트를 입고 하녀가 뒤에서 그것을 잡아당겨 주던 시대의 유물이다. 지금은 큰 행사에나 어울릴 법하다. 결혼식이나 영화제에 참석하기 위해 머리 손질과 메이크업에 엄청난 시간과 돈을 투자한 여성이라면 머리 위로 드레스를 뒤집어쓰기보다는 바닥에 드레스를 놓고 그 안으로 걸어 들어가는 것이 당연해 보인다. 따라서 뒷지퍼는 상황에 따라 여러 가지로 고려해야 한다.

크라이슬러 PT 크루저

패션과 코스튬 사이에는 아슬아슬한 회색 지대가 있다.

전통적으로 패션은 옷을 입은 사람의 참된 자아를 강화하는 데 기여하지만, 코스튬은 원래의 그 사람과 다른 누군가로 변하도록 도와주는 역할을 한다. 그래서 패션이 후자와 같은 변화를 시도하는 것처럼 보이면 평론가들은 그 옷을 가리켜 '지나치게 코스튬적'이라고 비판한다.

최근에는 포스트모더니즘 이론의 영향 때문에 진짜 자아란 없으며 모든 것은 오로지 외관과 투사일 뿐이라는 주장이 점차 힘을 얻었다. 이런 관점은 '모든' 것, 심지어 가장 평범한 옷조차도 코스튬이라고 말한다. 하지만 아슬아슬한 회색 지대는 남아 있다. 그 안으로 발을 내디딘 디자이너와 패션 고객은 그곳에서 만나게 될지 모를 위험과 저항, 당혹에 대해 충분히 알아야 한다.

항상 직설 어법을 쓸 필요는 없다!

1980년대 이후부터 '아이러니'는 전위적인 패션 어휘가 되었지만, 보수적·전통적인 패션은 계속해서 '직설적으로' 말했다. 예들 들어, 존 바틀렛의 벌목꾼은 동성애의 판타지를 당돌하고 아이로니컬하게 빗댄 것이었지만, 자신의 고객이 벌목꾼이라거나 또는 그렇게 되어야 한다고 제안하지 않았다. 하지만 랄프 로렌이 패션쇼 무대에 조종사나 사냥꾼, 폴로 선수 등을 세웠다면, 그것은 고객들이 원했으면 하거나 실제로 원하는 라이프스타일을 제안하고 있는 것이다.

일반적으로, 나이가 든 고객일수록 패션디자인은 더 보수적이고, 클래식하고, 직설적이어야 한다. 반대로, 젊고 진보적인 고객을 위한 디자인일 때는 과도하게 직설적이 되어라! 이것은 아이로니컬하게도 선을 넘어 코스튬이 되어 버리기도 한다.

아동복을 디자인할 때는 부모를 고객으로 생각하라.

영아나 5세 이하 아동의 옷을 디자인할 때는 부모를 고객으로 삼고 그들의 눈높이에 맞추어야 한다. 아이들은 몇 달 만에 옷을 엉망진창으로 만들고 몸이 커져서 옷을 못 입게 되는 일이 많으므로 비용 면에서는 말할 것도 없고, 기저귀 갈기, 얼룩 닦기, 자주 빨기 등이 다른 모든 디자인적인 고려 사항을 압도할 수 있다.

아동복은 안전하게!

옷과 관련한 위험 요소들은 다음과 같다.

- 질식 사고나 자동차에 딸려 갈 위험이 있는 각종 끈
- 질식 사고를 유발할 수 있는 토글막대형 단추, 끈 고정 장치, 금속 부자재와 장식물
- 납과 그 외 금속 부자재의 독소들
- 가연성 직물

미성년 고객은 두상이 크다.

패션 일러스트레이션에서 20세 미만의 미성년 고객은 상대적으로 큰 두상, 가는 몸, 긴 머리카락, 연한 핑크빛 또는 살굿빛 입술과 뺨으로 묘사된다. 반대로, 짧은 머리에 검붉은 입술, 인조 속눈썹 등과 같은 짙은 메이크업이나 팔찌, 목걸이 등의 액세서리는 성인 고객을 나타낸다.

패션 일러스트레이션은 일러스트레이터 자신이 아니라 패션을 보여 주어야 한다.

재능 있는 일러스트레이터라면 당연히 자신을 드러내고 자랑하고 싶어 한다. 그러나 훌륭한 예술가는 이런 충동을 스스로 견제할 줄 안다. 반복해서 이렇게 질문하라. "효과적으로 디자인을 전달할 수 있는 최소한은 무엇인가?"

일러스트레이션을 그릴 때 하지 말아야 할 것들

조명으로 창의성을 표현하려 하지 마라. 광원은 오른쪽이나 왼쪽 상단에 위치해야 하며, 인물은 측면이나 4분의 3 각도에서 그 빛을 받아야 한다. 인물을 광원과 멀찍이 떨어져 있도록 그리면 얼굴 위로 그림자가 어지럽게 분산되게 마련이다. 그림자는 턱, 가슴, 옷단 아래에, 그리고 팔이나 다리 뒤쪽에서 관람자와 멀어지는 방향으로 생겨야 한다.

지나치게 그림자를 넣지 마라. 옛 거장의 드레이프 렌더링은 그림자가 과장되어도 아름답게 보였을지 모르지만, 패션 렌더링은 도식적이어야 하고 생략도 필요하다.

지나치게 명료하게 그리지 마라. 패션 스케치는 실제 사람이 아니라 고객과 소통해야 한다. 표현을 극소화하고, 언제나 이용할 수 있는 자신만의 얼굴 레퍼토리를 만들어 두어라.

지나치게 선을 사용하지 마라. 선이 너무 많으면 스케치가 색칠 공부 책이 된다. 선을 아껴서 디테일을 강조하라.

비례에 소홀하지 마라. 옷 한 벌이나 한 번의 컬렉션을 위해 그린 수많은 일러스트레이션은 디자인과 제작 과정에서 한꺼번에 쓰인다. 패턴 제작자와 드레이프 제작자는 전체 작업의 지침으로 크로키와 플랫을, 자수 담당자는 자수 위치를 결정하기 위해 블로업을, 생산 관리자는 비용을 산출하기 위해 스케치를 이용한다. 일러스트레이션마다 부분과 부분, 부분과 전체의 일관성을 변함없이 유지해야 한다.

4분의 3 측면 포즈

어떤 포즈가 옷을 가장 효과적으로 보여 주는가

포즈를 결정할 때는 반드시 표현해야 할 실루엣과 디테일을 생각하라. 잘못된 포즈는 디자인을 잘못 표현할 수 있으며 고객에게 오해를 불러일으킬 수 있다.

가만히 서 있는 인물 몸에 붙는 스커트나 드레시한 스타일을 표현할 때 자주 쓰인다. 레이어드 앙상블의 경우는 엉덩이에 손을 얹은 포즈를 취하면 안쪽에 입은 옷이 잘 드러날 수 있다. 반면, 흘러내리는 실루엣의 옷은 이 포즈와 맞지 않는다. 자칫 옷이 딱딱하거나 무겁게 보일 수 있기 때문이다.

역동적인 혹은 걷는 인물 흘러내리는 느낌의 직물, 전체적으로 여유 있고 풍성한 느낌의 풀 실루엣 의상이나 활동적이고 캐주얼한 의복 등을 표현할 때 사용한다. 몸에 달라붙은 디자인일 때는 주의해야 한다. 일례로, 펜슬 스커트를 입고 다리를 벌린 포즈를 취하면 에이라인 스커트처럼 보일 수 있다.

옆으로 돌아선 인물 펜슬 스커트와 풀 스윙 재킷의 조합처럼 극적인 실루엣이나 특별한 측면 디테일 등을 보여 줄 때 가장 효과적이다.

뒤로 돌아선 인물 뒤편의 중요한 디테일을 보여 줄 필요가 있을 때만 사용한다.

미켈란젤로의 다비드 상

어깨는 낮게, 엉덩이는 높게

인물을 그리기 전에 머리를 먼저 그린다. 그다음 축이 되는 수직선을 아래로 길게 그리고, 이어 두 발의 위치를 잡는다. 체중을 몸 전체에 어떻게 분배할지 결정해야 몸의 축을 중심으로 발을 어디에 둘 것인지가 정해진다. 체중이 몸에 고루 분배되면정지 자세, 축을 중심으로 두 발이 양옆으로 동일하게 벌어져 있게 된다. 반대로 체중이 몸의 한쪽에만 실리면 무게가 실린 다리와 발은 정확히 축 위에, 나머지 다리와 발은 그 옆에 있게 된다. 양쪽 발 모두가 축을 중심으로 한쪽 측면에 몰려 있으면 그 인물은 금방이라도 고꾸라질 것처럼 보인다.

콘트라포스토는 한쪽 다리에 모든 체중을 싣되, 두 어깨와 팔은 엉덩이와 다리의 중심축에서 살짝 빗겨 있는 포즈다. 이때 어깨가 낮은 쪽의 엉덩이가 더 높다.

피부는 반투명하다.

피부는 불투명하지 않다. 빛을 투과시킨다. 태양을 향해 손을 치켜들면 손이 불그스레하게 보이는 이유도 그 때문이다. 인체 일러스트레이션에서 피부로 표현된 종이의 하얀 면을 부분적으로 투명하게 처리하면, 인물이 무생물이나 인형, 만화처럼 보이는 것을 막을 수 있다.

수채화, 구아슈, 템페라는 피부를 진짜처럼 보이게 해 주는 매우 효과적인 매체다. 디자인 마커 역시 투명함을 표현하는 데 유용하지만, 원하는 색상이 정확히 있어야 하므로 사용하는 데 다소 제한이 있을 수 있다. 파스텔과 색연필은 종이의 결과 일러스트레이터의 필체를 강조하기 때문에 패션 일러스트레이션에서 자주 사용하지 않는다. 아크릴과 유화는 투명성을 표현하기가 쉽지 않아서 제한적으로 쓰거나 전혀 사용 가치가 없다.

사격 대열은 피하라.

한꺼번에 여러 인물을 그려야 할 때 가장 빠른 해결 방법은 사람들을 일렬로 세우는 것이다. 하지만 컬렉션의 색상이나 실루엣이 전체적으로 유사하다면 이런 대열은 자칫 지루하고 반복적이라는 인상을 줄 수 있고, 다양함이 '많은' 컬렉션이라면 오히려 일관성이 없는 듯한 느낌을 줄 수도 있다.

많은 사람이 포함된 구도라면 '동적으로' 시도해 보라. 인물을 비대칭적으로 나열하는 것이다. 예를 들어, 앞줄보다 뒷줄에 키가 더 큰 인물을 배치한다. 중요한 형태나 디테일이 가려서 보이지 않는 일이 없도록 유의하면서 인물들을 조금씩 겹쳐 본다. 두세 명씩 짝을 지우고, 서로가 서로를 의식하도록 연출한다.

머리, 피부색과 대조를 이루는 옷

일러스트레이션을 그릴 때 최고의 효과를 내려면 다음처럼 짝을 지운다.

- 어두운 옷과 밝은 피부색, 밝은 옷과 어두운 피부색
- 초록 계열의 옷과 붉은색 또는 적갈색 머리
- 노랑 계열의 옷과 검정색, 갈색 또는 붉은색 머리
- 파랑 계열의 옷과 모든 종류의 머리색. 하지만 어두운 머리색은 베이비 블루에 우아함과 세련됨을 더해 주며, 금발의 소녀다움은 네이비블루로 자칫 엄숙할 수 있는 분위기를 부드럽게 만든다.

뒤로 물러서서 본다.

옷을 만들거나 스케치를 할 때는 작업 반경이 자신의 팔 길이 안쪽에 국한될 수밖에 없다. 하지만 뛰어난 디자이너나 일러스트레이터는 작업 도중에 멀찌감치 뒤로 물러나 보기를 반복한다. 그 작품을 보게 될 타인의 시선과 위치에서 일이 되어 가는 과정을 확인하는 것이다. 실제로 근접 거리에서만 작업한 디자이너는 작품이 발표되는 순간 자신의 기대와 전혀 달라 보이는 결과물 때문에 실망하는 일이 많다.

패턴은 사실적이 아니라 일반적으로 표현하라.

날염이나 직조 패턴을 렌더링할 때 꽃잎 하나하나, 하운드 투스 체크* 하나하나까지 전부 그리려 하지 마라. 대신 모델이 드로잉 크기보통 세로가 12에서 14인치만큼 작게 보일 정도로 멀리 있으면 그 패턴이 어떻게 보일지를 상상하라. 색상이 다양하거나 섬세한 패턴은 하나의 색상으로 섞여 보이며, 중간 크기의 패턴은 마치 하나의 질감처럼 보인다는 사실을 알게 될 것이다.

* 사냥개의 이빨처럼 보이는 체크무늬의 일종

훌륭한 패션은 독립적인 조각품과 같다.
어느 각도에서 보아도 흥미롭다.

경험이 부족한 디자이너들은 옷의 앞면에만 노력을 집중하고, 측면이나 뒷면은 남은 것들을 한데 모은 공간쯤으로 여기곤 한다. 이렇게 되면 만족스러운 결과를 얻기 힘들다.

크로키나 스케치를 할 때 순서를 한번 바꾸어 보라. 먼저 옷의 뒷면부터 디자인 콘셉트를 적용하고, 그곳부터 디자인을 시작하라. 그러다 보면 금세 뒤쪽에 지퍼를 달려던 충동이 부적절하게 느껴지고, 앞쪽 지퍼가 보기 흉하다는 생각이 들지 모른다. 앞면과 뒷면에 대한 새로운 아이디어가 떠오를 것이고, 전체적으로 좀 더 만족스러운 디자인을 얻을 수 있을 것이다.

마찬가지로, 옷의 측면부터 디자인 콘셉트를 적용하는 것도 새로운 경험이 될 수 있다. 독특하고 창조적인 옆 솔기 선은 옷의 앞면이 뒷면을 '드러내도록' 해 주는 과도기적 단계로 해석될 수 있고, 창조적인 스티칭이나 소재를 통해 옷의 앞면과 뒷면을 보완하는 방법도 터득할 수 있을 것이다.

장 콕토, 1889~1963

"예술은 대개 시간이 지나면 아름다워지는 추한 것을
만든다. 반면, 패션은 언제나 시간이 지나면 추해지는
아름다운 것을 만든다."

– 장 콕토Jean Cocteau

육상 스타 플로렌스 그리피스 조이너, 1959~1998

비대칭은 누드를 함축한다.

인간의 몸은 대칭을 이루기 때문에 옷 역시 대칭적인 것이 비대칭적인 것보다 압도적인 다수를 차지한다. 하지만 옷을 입거나 벗는 것을 암시한다는 점에서 비대칭도 아름답고 도발적일 수 있다. 대칭을 이루며 드러난 맨살은 단정하고, 안정되고, 정돈된 느낌을 주지만, 한쪽 어깨나 팔만 드러내면 무언가가 툭 떨어질 듯한 느낌을 준다. 심지어 그것 말고 다른 것들도 같이 떨어질 것 같은 느낌을 준다!

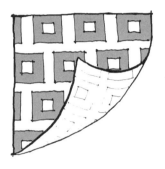

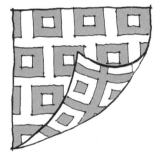

날염   선염

시각적 패턴

선염 패턴 다양한 색상의 실로 직물에 직접 짜 넣은 무늬를 가리킨다. 천의 앞면과 뒷면 모두에서 무늬가 보인다. 격자, 체크, 줄, 꽃, 얼룩, 추상적인 기하학적 패턴 등이 흔히 볼 수 있는 예다.

날염 패턴 플랫베드, 로터리, 전사, 탈색, 실크스크린 등의 다양한 염색 기법을 이용해 제직물 또는 편직물에 입힌 무늬를 일컫는다. 천의 앞면에서만 주로 보이며, 뒷면에서는 부분적으로만 보이거나 전혀 보이지 않는다.
핀 스트라이프나 체크 패턴 같은 선염 무늬 유형들은 날염으로 인쇄하면 뛰어난 품질을 얻기 어렵다. 반면 세밀하고 디테일한 날염 꽃무늬는 열 가지 이상의 색상도 가능하며, 선염을 통해 구현할 수 없는 정교한 수준까지 만들어 낼 수 있다.

패턴의 조각을 완벽하게 맞출 수는 없다.

패턴이 있는 옷감을 디자인할 때, 상대적으로 더 중요한 이음매에서 패턴이 어긋나지 않도록 어떤 부분에서는 포기해야 할 때가 있다. 패턴의 조각을 맞춰야 하는 우선적인 고려 대상은 다음과 같다.

소매—몸통 겨드랑이에서 3~5cm 아래쪽 부분인 소매통의 패턴은 가슴 선이나 앞면의 패턴과 어긋나지 않아야 한다.

중앙 솔기 신체는 입체적 굴곡을 이루므로 패턴의 수직선은 울퉁불퉁한 물결을 치게 마련이다. 격자나 수직의 스트라이프 패턴 직물일 경우, 먼저 중앙 솔기 주위에서 대칭성을 확보한다. 패턴을 연결하는 데 세심하게 신경 썼다는 인상을 줄 수 있을 것이다. 패턴이 다양한 색상으로 이루어졌다면 눈에 가장 덜 띄는 색의 줄무늬를 중앙 솔기에 두는 것이 최선이다.

꽃무늬처럼 아무 규칙성이 없는 패턴은 솔기를 중심으로 무늬를 이어 맞추는 작업이 비용 면에서나 실제적으로 거의 불가능하다. 최고급 디자이너라면 커다란 꽃이나 메달처럼 두드러진 요소 하나를 앞면 중심 솔기같이 눈에 잘 보이는 곳에 자연스럽게 이어지도록 배치할 것이다.

성공적이지 못한 경우

- 작은 패턴과 또 다른 작은 패턴의 조합
- 큰 패턴과 또 다른 큰 패턴의 조합
- 같은 유형 패턴끼리의 조합. 예컨대, 체크와 다른 체크, 스트라이프와 다른 스트라이프

성공적인 경우

- 작은 패턴과 큰 패턴의 조합
- 대조적인 패턴끼리의 조합. 예컨대, 기하학적 무늬와 소용돌이무늬, 규칙적인 무늬와 불규칙적인 무늬, 단절되는 무늬와 연속적인 무늬 등

패턴 조합

다양한 종류의 패턴을 훌륭히 조합하는 가장 효과적인 방법은 '대조'다. 크기 대조는 큰 패턴과 작은 패턴처럼 크기가 서로 다른 무늬들을 나란히 두는 것이다. 크기에 대조를 두지 않으면 시각적 불협화음두 가지 큰 패턴의 조합이나 '홍역'두 가지 작은 패턴의 조합을 감수해야 한다.

유형 대조는 줄무늬와 줄무늬, 꽃무늬와 꽃무늬를 함께 배치하기보다는 줄무늬와 곡선, 규칙적인 것과 불규칙적인 것, 꽃무늬와 격자무늬처럼 대조적인 유형을 묶는 것이다. 유사한 패턴을 사용해야 한다면 크기의 차별화만큼은 반드시 고수해야 한다. 같은 꽃무늬라도 하나가 아주 크고 나머지 하나가 아주 작다면 그런대로 조화가 생긴다. 줄무늬일 때는 핀스트라이프와 렙 스트라이프처럼 촘촘한 것과 아주 굵직한 것의 대조를 노려야 한다.

소재를 완벽하게 맞추려 할수록 저급해 보이는
경향이 있다.

"재킷과 스커트, 벨트와 신발은 정확하게 맞춰야 한다"거나 "타이와 포켓 스퀘어는 반드시 같은 무늬여야 한다"처럼 완벽한 맞춤을 고수하는 기계적인 일대일 적용은 미적 감수성의 부족을 드러내는 것일 뿐이다. 취향이 세련된 완벽한 맞춤은 색상과 패턴의 관계에 관한 한 아주 미묘한 차이까지도 이해해야 한다. 그리고 원칙주의보다는 원칙에 개의치 않는 태도와 절충을 통해 정답을 보여 줄 수 있다.

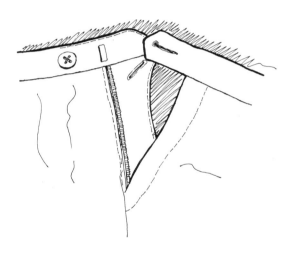

잘 모르겠으면 옷장을 열어 보라.

디자인한 의복을 어떻게 구성해야 할지 확신이 서지 않는다면 옷장을 열어 보라. 플라이 프런트* 팬츠나 앞면에 버튼이 줄줄이 달린 옷 한 벌쯤은 다들 가지고 있을 터. 옷을 뜯어서 그대로 만들거나 응용하는 데는 그리 많은 시간이나 노력이 들지 않는다.

● 단추를 가리기 위해 이중으로 여민 방식

거울은 가장 친한 친구다.

대학 동창이나 고등학교 시절 동급생 같은 진정한 친구들은 어떤 사안이든 사심 없이 항상 정직하고 바른 말을 해 준다. 자신이 디자인한 작품을 거울에 비쳐 보는 행위는 이렇듯 가장 친한 친구를 발견하는 것과 같다. 거울을 보면서 이제까지 전혀 깨닫지 못했던 새로운 점들이 눈에 새록새록 들어올지 모른다. 종이 위에서는 튼튼히 서 있다고 생각했던 인물이 금방이라도 넘어질 것처럼 보인다거나, 완벽한 대칭인 줄 알았던 플랫에 균형이 깨진 사실도 알게 된다. 드레이프가 아름답다고 생각했던 모슬린에 쭈그러지거나 당겨진 부분이 있고, 목의 단점을 보완하려고 디자인한 목선 때문에 가슴 선이 지나치게 처져 보인다는 것도 새삼스레 발견할 수 있다.

훌륭한 핏 모델은 디자이너에게 잘된 곳과
잘못된 곳을 이야기한다.

샘플이나 모슬린 피팅을 할 때는 디자이너, 패턴 제작자, 샘플 제작자, 보조, 모델 등 많은 인력이 작업에 참여한다. 이때는 작업의 강도가 높아지고 원활한 팀워크가 중요한 단계이기 때문에 언어적 · 비언어적 '단축어'가 절실해진다.

훌륭한 핏 모델은 커뮤니케이션 과정의 일부로 녹아든다. 그들은 상대방이 먼저 말하지 않아도 무엇이 필요한지 이미 알고 있다. 엉덩이나 어깨에 손을 대면 "이쪽으로 도세요," 손목에 손을 대면 "팔을 드세요"를 뜻한다는 사실을 직감적으로 안다. 게다가 정말로 훌륭한 핏 모델은 디자이너에게 옷의 어느 부분이 안 좋게 느껴지는지는 물론, 정확한 원인과 수정 방법에 대해서도 이야기를 나눌 수 있다.

1월	2월	3월	4월	5월	6월	7월	8월	9월	10월	11월	12월

대중시장 겨울 시즌

대중시장 봄 시즌

대중시장 여름 시즌

대중시장 가을 시즌

대중시장 겨울 시즌

S/S 디자이너 컬렉션 소매 판매 시작

F/W 디자이너 컬렉션 소매 판매 시작

〈보그Vogue〉 봄호

〈보그Vogue〉 겨울호

F/W 패션 위크

S/S 패션 위크

오트 쿠튀르 위크

오트 쿠튀르 위크

패션 산업의 상위 계층은 두 시즌 달력을, 하위 계층은 네 시즌 달력을 쓴다.

패션 디자이너는 1년에 두 차례씩 열리는 패션 산업의 주요 행사인 '패션 위크' 기간에 시즌별 컬렉션을 공개한다. 패션 위크는 실제로 4주간 계속되며, 그사이 전 세계에서 온 패션 바이어와 에디터들은 뉴욕, 런던, 밀라노, 파리를 돌며 수백 개의 런웨이 쇼를 보고 다음 시즌을 예측한다. 그 뒤 디자이너들의 쇼룸을 방문해 시즌별 의상을 선택하거나 패션 잡지 화보 촬영을 위한 스케줄을 잡는다.

대중시장과 중위권 라이프스타일 브랜드들로 구성된 패션 산업 하위 계층은 1년을 네 시즌과 12번의 납품 기간으로 나눈다. 각 시즌은 3개월 단위이며, 신상품은 매달 상점으로 배달된다. 네 시즌은 봄 1, 봄 2 또는 여름, 가을, 휴가 기간으로 불리고, 아동복이나 10대 시장에서는 가을 시즌을 가리켜 '개학' 시즌으로 부르기도 한다.

상품 진열하기

잡화점 방식 큰 백화점에서는 보통 유사 상품들을 함께 진열한다. 소매상점은 슈트, 드레스, 진 등을 구획별로 따로 진열하는 경우가 많다.

부티크 방식 디자이너들은 대형 쇼핑몰 안에 각자의 부티크가 있다. 쇼핑몰에서 구입한 해당 디자이너의 시즌 컬렉션이 이곳에서 판매된다.

크로스 머천다이징 셔츠, 신발, 액세서리 등 다양한 제품을 색상이나 트렌드별로 맞추어 동일한 테마의 환경에서 함께 진열하는 방식이다. 이런 진열법은 고객으로 하여금 특정한 패션 룩을 완성하는 데 필요한 다양한 보완 품목에 관심을 갖도록 만들고, 이로써 자칫 시선을 끌지 못할 수 있는 이차적 아이템, 즉 캐미솔이나 가볍게 입을 수 있는 탱크톱, 스카프와 백 같은 액세서리 등의 인지 가치를 높인다. 이는 바닥 공간이 협소한 소형 상점이 흔히 이용하는 진열 방식이며, 대형 소매상점도 점차 크로스 머천다이징을 많이 활용하고 있다.

스포츠웨어는 스포츠를 위해 입는 옷이 아니다.

미국에서 스포츠웨어는 공장에서 제작되어 표준화된 사이즈로 팔리는 기성품을 일컫는다. 데이웨어, 캐주얼웨어, 커리어 웨어, 데이투나이트day-to-night 웨어, 칵테일 웨어, 이브닝 웨어 등이 모두 스포츠웨어로 분류될 수 있다. 미국인들이 말하는 스포츠웨어란 프랑스의 프레타 포르테, 즉 기성복과 같은 의미다. 실제로 스포츠를 위해 입는 옷은 '액티브 웨어'라고 불린다.

진 = 섹스

블루진은 원래 작업복이었다. 광부나 노동자가 입던 옷이었기 때문이다. 하지만 거칠고 질긴 의복임을 상징하는 리벳, 바택*, 새들 스티치** 등은 오늘날 '진정성'을 함축하는 디자인적 특징이 되었다. 낡아 보이지만 그래도 몇 년은 끄떡없이 입을 수 있다는 사실이 이 진정성의 일부다.

진이 패션의 영역에 당당히 입성할 수 있었던 까닭은 독특한 중앙 솔기 때문이다. 이 봉제선은 엉덩이 곡선에 바짝 달라붙을 뿐 아니라, 특히 남성의 경우 다른 바지를 입었을 때에 비해 바짓가랑이를 앞으로 돌출시키는 역할을 한다. 이 '필수적인' 특징이 없다면 세상의 모든 리벳, 스티치, 표면 연마 기술을 동원하더라도 진은 진이 아니다.

* '바bar' 모양의 보강 스티치
** 가죽 조각의 가장자리를 감치는 바느질

9

"어이, 당신 원칙 때문에
날 귀찮게 하지 마시오."

"난 상의로는 비즈니스를,
하의로는 재미를 추구하
는 사람이오."

"아니오, 난 보이지 않습니다.
당신이 나를 보시오."

"난 지금 바빠."

패션은 '언급'이다.

패션은 단순히 잘 입는 것의 문제가 아니다. 패션은 옷을 입은 사람, 다른 사람이 입은 옷, 변덕스러운 유행, 인간의 몸, 문화 등에 대한 그때그때의 언급이다. 패션이 찰나적인 것이 될 수밖에 없는 부분적인 이유가 여기에 있다. 패션의 어떤 언급이 일반에게 익숙해지고 이해가 되면, 그 대화는 생명력을 이어간다. 또 이것은 하나의 스타일이 '재생'될 때마다 조금씩 그 모습을 달리하는 이유이기도 하다. 미니스커트에 주름 장식이 생기고, 트럼펫 스커트가 힐 대신 플랫 슈즈와 짝을 이루고, 좁은 라펠 재킷을 하얀 셔츠 대신 원색 셔츠와 함께 입는 등의 변화가 생긴다. 대화가 익숙한 주제로 돌아왔지만, 새롭게 이야기할 거리가 있는 것이다.

'언급으로서의 패션'은 우리가 멋들어지게 차려 입지 않아도 제대로 입은 것이 될 수 있고, 심지어 어떤 사람들의 기준에는 궁색하게 보여도 아주 근사한 차림이 될 수 있다는 사실을 말해 준다.

캐서린 햄넷의 티셔츠

"늑대 가죽을 걸친 원시인은 입이 근질거렸다.
그는 말했다. '내가 뭘 죽였는지를 좀 보라고.
굉장하지 않아?'"

– 캐서린 햄넷Katharine Hamnett

가죽옷은 디테일을 강조하라.

가죽은 동물의 피부이므로 조각이 무한정 이어지지 않는다. 그래서 가죽 의상은 다른 소재로 된 의상에 비해 일반적으로 솔기가 더 많다. 게다가 품질이 좋은 가죽일수록 조각의 크기도 작아진다.
이처럼 조각 잇기와 봉제선이 결정적인 역할을 할 뿐 아니라 가죽 자체가 스티칭을 아름답게 보이게 하는 역할도 하기 때문에 가죽옷은 대개 디테일을 강조하고 부각시키는 방향으로 디자인된다.

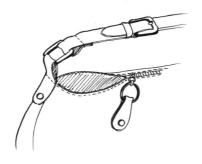

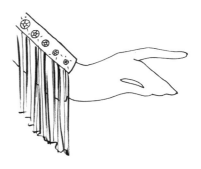

금속 부자재 버튼, 지퍼, 스냅, 토글, 리벳, 그로밋쇠고리 등은 옷의 기능에 핵심적인 역할을 한다.

장식물 자수, 비드, 트림 등은 오로지 장식을 위한 것이다.

금속 부자재와 장식물은 단순히 디자인 콘셉트를
따르는 수준이 아니라 이를 더 심화해야 한다.

나폴레옹 보나파르트, 1769~1821

왜 남성복과 여성복은 버튼을
서로 반대 방향으로 여밀까

두 가지 설이 통용되고 있다. 먼저, 남성은 시대를 막론하고 위급한 순간에 언제든 웃옷 안쪽에서 총이나 칼을 꺼낼 수 있어야 했기 때문이라는 주장이다. 오른손잡이들은 오른쪽 옷자락 위에 왼쪽 옷자락을 겹치는 방향이 편하다.

여성의 경우는 과거의 '제대로 된' 귀부인들이라면 자신이 옷을 입지 않고 하녀가 입혀 주었기 때문이라는 주장이다. 오른손잡이 하녀들은 왼쪽 옷자락 위로 오른쪽 옷자락이 올라오는 쪽이 시중을 들기가 편했을 것이다.

훌륭한 디자이너는 스타일링에 의존하지 않는다.

패션디자인은 옷과 컬렉션을 만들기 위해 미적·구조적 요소들을 기술적으로 배치하는 작업이며, 스타일링은 모델 혹은 마네킹에 옷과 액세서리를 입히거나 특정한 룩, 페르소나, 애티튜드를 보여 주는 것이다. 스타일리스트는 디자인 능력이 없어도 되지만 디자이너는 스타일링을 이해할 줄 알아야 한다. 모자, 헤어, 메이크업, 주얼리, 신발, 부츠, 양말, 벨트, 장갑 등과 같은 액세서리를 모두 갖춘 완벽한 전신 룩을 자꾸 스케치하다 보면, 부분 간의 비례, 부분과 전체의 비례에 대한 감각을 키울 수 있다. 또 옷에만 초점을 두는 것을 잠시 멈추는 행위는 디자이너의 창조적 과정을 좀 더 자유롭게 하는 데 도움이 되기도 한다.

하지만 성공적인 패션디자인을 위해 스타일링에 의존해서는 절대 안 된다. 지금 디자인하고 있는 옷과 특정 액세서리가 어울린다는 생각이 강하게 든다면, 그것은 그 액세서리에 담긴 미적 감각을 자신의 디자인에 반영하고 싶어서일 가능성이 높다.

성공한 전문인은 큰 것과 작은 것을 '함께' 생각한다.

패션 디자이너는 해당 패션 시즌보다 12개월을 앞서 전체 컬렉션을 구상할 수 있어야 한다. 이것은 문화적 발전, 패션의 트렌드, 끊임없이 변하는 고객의 요구, 예산, 제작과 납품 과정 등을 아우르는 모든 과정을 전체적인 시각으로 접근할 수 있는 능력을 요구한다. 동시에 디자이너는 컬렉션에 포함된 모든 아이템의 비율에서 소재, 실의 색상, 버튼 크기에 이르는 가장 섬세한 디테일까지 구현해 낼 수 있어야 한다.

조니 캐시, 1932~2003

진정한 스타일은 내적인 것이다.

우리가 시각적 스타일로 인식하는 것은 내면의 깊은 곳에 존재하는 무언가가 표면으로 드러난 것이다. 스타일은 단순히 '어떻게 보이는가'의 문제가 아니라, '실제로 어떠한가'의 문제다. 진정으로 스타일리시한 사람은 남에게 특정한 방식으로 보이는 방법을 배운 사람이 아니라 특정한 방식 그 자체인 사람이다. 시각적 형식은 그 방식을 표현한 것일 뿐이다.

이브 생로랑, 1936~2008

"패션은 사라지지만 스타일은 영원하다."

– 이브 생로랑Yves Saint Larent

옮긴이의 말

"키 180cm, 체중 55kg의 모델이 입었을 때만 멋있는 옷이라면 잘못된 디자인이다."〈49〉 듣기만 해도 은근히 기분이 좋아지는 말이다. 이 책을 집어 든 독자 가운데 과연 이 말에 동의하고 싶지 않은 사람이 있을까? 평범한 신체 조건을 타고난 우리에게 '키 180cm, 체중 55kg의 모델'이란 완전히 다른 세상에 존재하는 사람들이다. 그들은 무슨 옷이든 구애받지 않고 입을 수 있고, 무슨 옷이든 걸치기만 해도 이미 멋들어지며, 키 작고 통통한 나로서는 절대 엄두도 내지 못할 패션 디자이너의 '작품'을 현실 속에 구현해주는 사람들이다. 그런데 정작 어느 패션 전문가는 말한다. 권위를 담아, 콕 찍어서, "그들에게만 어울리는 옷은 잘못된 옷이다"라고.

그는 파슨스, 프랫, FIT 등의 유수한 디자인 대학에서 학생을 가르쳤고, 패션 평론가와, 패션 디자이너로 활약한 바 있는 알프레도 카브레라다. 그가 엄선해서 들려주는 패션의 101가지 '레슨'들은 철저히 현실의 문제들에서 출발했다. 곧 현실의 디자이너와 현실의 패션 고객에게 들려주는 이야기다. 그 결과 우리는 패션 디자이너란 알고 보면 "평균적인 성인은 7.5등신이고, 패션모델은 적어도 9등신 이상"〈21〉이라는 괴

리를 붙들고, 씨름하고, 요리하면서 "살아 있는 생명체에 예술을 실현"⟨5⟩하고자 부단히 애쓰는 사람들이라는 사실을 깨닫게 된다.

무엇보다 그들은 패턴 제작자, 샘플 제작팀, 모델, 영업자 등과 소통하고 부딪히는 과정 속에서도 자신의 디자인을 실현할 줄 알아야 하며⟨17⟩, 디자인에 대한 일반적인 통념과 허상을 스스로 깨뜨릴 줄도 알고⟨56⟩, "자신이 인정받지 못한 천재라고 느낀다면, 그것은 당신이 천재가 '아니기' 때문일지 모른다"⟨58⟩라는 사실을 겸허히 받아들일 줄 아는 사람들이다. 하지만 만약 이것을 인정하고 싶지 않은 풋내기 패션 디자이너가 있다면? 카브레라의 충고는 따끔하다. 모든 현실적 제약에도 불구하고 "미켈란젤로는 훌륭히 해냈다"⟨57⟩.

그렇다고 이 대선배⟨당신이 패션 세계 종사자라면⟩ 또는 전문가⟨당신이 패션에 관심이 있는 일반인이라면⟩의 냉엄한 지적 앞에 주눅 들 필요는 없다. 오히려 그 반대다. 사실 그는 업계의 후배를 격려하러 뛰어 온 선배다. 현실이라는 험난한 산을 넘을 줄 알아야 한다고 엄중히 요구하는 선배이며, 동시에 오랜 현장 경험을 통해 자신이 알게 된 원칙들을 전수해 주기 위해 애가 타는 선배이기도 하다. 그만큼 그의 애정 어린 '팁'들은 요긴하다. 그는 후배들에게 목표 고객을 제대로 이해하려면 이따금 '돌아가라'고 조언하며⟨7⟩, 처음부터 목표를 높게 잡고 차츰 그것을 '희석'시켜 가는 방법론의 중요성을 일깨우고⟨41⟩, 직설 어법을 쓸 때와 포기할 때를 분별하라는 충고를 던진다⟨66⟩. 아직 디자인을 배우는 학생들을 향해서는 "강사를 실망시키는 두 가지 방법"⟨55⟩에 대해 귀띔한다. 하지만 이런 것들조차 여전히 일반적인 원론으로만 느껴진다면?

그래서 이 친절한 선배는 망설이지 않고 디자이너의 책상 바로 앞까지 달려온다. 직물을 잘 고르고 잘 자르는 방법, 치수는 넉넉하게 재라는 경고, 뒷지퍼와 포켓의 존재 이유, 디자인을 가장 잘 부각시키는 일러스트레이션 해법, 다트 잡기, 효과적인 패턴 조합, 디테일과 디자인 콘셉트의 관계 등에 관해 꼼꼼하게 간섭하고 이야기하는 것이다. 그리고 혹시나 우리가 혼동하거나 잘못 이해하고 있을 수 있는 부분들, 예컨대, "면은 섬유이지 직물이 아니"라든가⟨13⟩, "새틴은 직물이 아니라 직물의 조직을 가리"키는 말이라는 것까지 짚어 준다⟨14⟩. 이렇게 그는 큰 이야기와 작은 이야기, 개념과 실무, 원칙과 변칙을 골고루 섞으면서 균형 잡힌 수업을 이끈다.

게다가 기꺼이 청강생도 초대했다. 그는 패션업계 종사자뿐 아니라 일반인들에게 솔깃할 정보도 함께 다룬다. 여기에는 오트 쿠튀르, 칼라와 타이, 전통적인 남성 슈트의 규칙, 스커트의 종류 등과 같은 패션 정보부터 디올의 '풀 스커트'가 프랑스 전후 경제를 일으키는 데 한몫했다는 뒷이야기, 아르마니와 '캐주얼 프라이데이', 전문직 여성의 대거 등장과 '랩 스커트'의 상관성 등과 같이 패션 상식을 넓혀 줄 거리들로 푸짐하다. 허를 찌르는 경구들도 곳곳에 포진해 있다. 예를 들어, "당신의 신발은 당신이 누구인가를 말해 준다. 하지만 당신의 머리 모양이나 모자는 당신이 어떤 사람으로 보이고 싶어 하는가를 말해 준다"⟨19⟩ 등은 우리가 한 번쯤 어디선가 써먹을 법한 문장이 아닐지.

마지막으로, '패션 피플'과 패션 고객 모두가 함께 알아야 할, 아주 평범하지만 동시에 아주 중요한 대목이 등장한다. 카브레라의 말처럼 "옷 한 벌이나 티셔츠는 기본이 되는 아이디어 없이도" 만들 수 있을지 모르지만, 전체 컬렉션, 나아가 패션 그 자체란 "삶, 예술, 아름다움, 사회, 정치, 자아 등에 대한 태도나 접근 방식"과 분리될 수 없다는 사실 말이다.〈4〉 101가지 항목의 처음과 마지막 즈음에 공통적으로 부각되는 내용이 바로 이것이다. 디자이너가 문화의 흐름을 놓치지 않고 주시하고 파악해야 할 근본적인 이유가 바로 여기에 있으며, 패션 고객이 패션의 제물로 전락하지 않을 수 있는 든든한 예방책도 여기에 있다. 왜냐하면 참으로 잊기 쉽지만, 패션은 "단순히 잘 입는 것의 문제가 아니라" 항상 무언가에 대한 "언급"〈94〉이며, "우리가 시각적 스타일로 인식하는 것은 내면의 깊은 곳에 존재하는 무언가가 표면으로 드러난 것"〈100〉이기 때문이다.

■ 지은이

알프레도 카브레라
패션 디자이너이자 패션 교사, 패션 일러스트레이터로서 파슨스 디자인대학교, 뉴욕 주립 패션 공과대학교(FIT), 프랫 대학교, 그리고 알토스 데 샤봉 디자인대학교 등지에서 가르쳤다. 현재 뉴욕에 거주하고 있다.

매튜 프레더릭
건축가, 도시설계가, 교수이자 〈건축학교에서 배운 101가지〉의 저자. 〈〜에서 배운 101가지〉의 창조자이자 전체 시리즈의 일러스트를 그렸다. 현재 매사추세츠 주 케임브리지에 거주하고 있다.

■ 옮긴이

곽재은
서울대학교 언론정보학과와 홍익대학교 대학원 미학과를 졸업했다. 대학에서 미학과 미술사를 강의하며, 문화·예술 분야의 번역을 하고 있다. 옮긴 책으로는 《미술의 언어》, 《다빈치코드의 비밀》, 《다크 컬처》, 《성형수술의 문화사》 등이 있다.